印刷工业出版分社

Adobe® 创意大学指定教材

U0326034

Adobe® 创意大学
Premiere Pro CS5影视剪辑师
标准实训教材

◎ 易锋教育　总策划
◎ 何清超　纪春光　张志坚　编著

文化发展出版社
Cultural Development Press

内容提要

　　本书是一本"面向工作流程"的经典之作，根据非线性编辑的传统工作流程将Premiere Pro CS5的相关知识点分为9个模块，除模块01外，每个模块皆由模拟制作任务、知识点扩展和独立实践任务3部分组成。其中，模拟制作任务部分以制作经典成功案例为主，可操作性强；知识点扩展部分详细介绍非线性编辑的相关专业知识与软件知识，使知识更系统化，学习更有目标性；独立实践任务部分充分发挥了读者的动手主动性与实际操作能力，以模拟制作任务为例，培养学生独立思考、分析影视剪辑思路和独立进行后期制作的能力。知识点扩展与模拟制作任务的内容互相呼应，先"由做带学"，再"由学带做"，充分巩固剪辑制作的理论知识。

　　全书内容丰富，模块01介绍非线性编辑相关知识，后8个模块通过一系列宣传片和动画片等实际案例，介绍在实际影视制作流程中Premiere Pro CS5的常用功能，包括配置项目的方式、导入与管理素材的各种方法、视频的转场、镜头的景别、音频的编辑管理、字幕的创建和影视作品的输出等内容。同时，本书还附有光盘，收录了本书与任务相关的工程文件以及范例的最终结果，方便读者学习使用。

　　本书可作为应用型本科、高职高专院校数字艺术、影视编辑、多媒体等相关专业Premiere课程的教材，也可供想从事影视编辑的人员自学使用，还可作为培训班的培训教材。

图书在版编目（CIP）数据

Adobe创意大学Premiere Pro CS5影视剪辑师标准实训教材/何清超,纪春光,张志坚编著.
－北京:文化发展出版社,2012.7
ISBN 978-7-5142-0458-2

I.A… II.①何…②纪…③张… III.视频编辑软件－高等学校－教材 IV.TP391.41

中国版本图书馆CIP数据核字(2012)第097060号

Adobe创意大学Premiere Pro CS5影视剪辑师标准实训教材

编　　著：何清超　纪春光　张志坚	
责任编辑：张　鑫	
执行编辑：王　丹	责任校对：岳智勇
责任印制：孙晶莹	责任设计：王斯佳
出版发行：文化发展出版社（北京市翠微路2号 邮编：100036）	
网　　址：www.wenhuafazhan.com	
经　　销：各地新华书店	
印　　刷：北京印匠彩色印刷有限公司	

开　本：787mm×1092mm　1/16
字　数：313千字
印　张：11.5
印　数：6001～7500
印　次：2012年7月第1版　2017年1月第3次印刷
定　价：46.00元（1DVD）
ISBN：978-7-5142-0458-2

如发现印装质量问题请与我社发行部联系　发行部电话：010-88275710

丛书编委会

主　任：黄耀辉

副主任：赵鹏飞　毛屹槟

编委（或委员）：（按照姓氏字母顺序排列）

白　净　范淑兰　郭　瑞　何清超

黄耀辉　姜　海　刘　强　马增友

毛屹槟　倪　栋　王　琬　王夕勇

肖红力　谢垭冰　于秀芹　张宝飞

张　鑫　赵　杰　赵鹏飞　赵一兵

钟星翔

本书编委会

主编：易锋教育

编者：何清超　纪春光　张志坚

审稿：张　鑫

序一

Adobe 是全球最大、最多元化的软件公司之一，以其卓越的品质享誉世界，旗下拥有众多深受广大客户信赖和认可的软件品牌。Adobe 彻底改变了世人展示创意、处理信息的方式。从印刷品、视频和电影中的丰富图像到各种媒体的动态数字内容，Adobe 解决方案的影响力在创意产业中是毋庸置疑的。任何创作、观看以及与这些信息进行交互的人，对这一点更是有切身体会。

中国创意产业已经成为一个重要的支柱产业，将在中国经济结构的升级过程中发挥非常重要的作用。2009 年，中国创意产业的总产值占国民生产总值的 3%，但在欧洲国家这个比例已经占到 10% ~ 15%，这说明在中国创意产业还有着巨大的市场机会，同时，这个行业也将需要大量的与市场需求所匹配的高素质人才。

从目前的诸多报道中可以看到，许多拥有丰富传统知识的毕业生，一出校门很难找到理想的工作，这是因为他们的知识与技能达不到市场的期望和行业的要求。出现这种情况的主要原因很大程度上在于教育行业缺乏与产业需求匹配的专业课程以及能教授学生专业技能的教师。这些技能是至关重要的，尤其是中国正处在计划将自己的经济模式与国际角色从 "Made in China/ 中国制造" 提升为具备更多附加值的 "Designed & Made in China/ 中国设计与制造" 的过程中。

Adobe® 创意大学（Adobe® Creative University）计划是 Adobe 公司联合行业专家、行业协会、教育专家、一线教师、Adobe 技术专家，面向国内动漫、平面设计、出版印刷、eLearning、网站制作、影视后期、RIA 开发及其相关行业，针对专业院校、培训机构和创意产业园区创意类人才的培养，以及中小学、网络学院、师范类院校师资力量的建设，基于 Adobe 核心技术，为中国创意产业生态全面升级和教育行业师资水平和技术水平的全面强化而联合打造的全新教育计划。

Adobe® 创意大学计划旨在与国内专业院校、培训机构、创意产业园区以及国家教育主管部门联合，为中国创意行业和教育行业培养更多专业型、实用型、技术型的高端人才，并帮助学生和从业人员快速完成职业和专业能力塑造，迅速提高岗位技能和职业水平，强化个人的市场竞争力，高质、高效地步入工作岗位。

为贯彻 Adobe® 创意大学的教育理念，Adobe 公司联合多方面、多行业的人才组成教育专家组负责新模式教材的开发工作，把最新 Adobe 技术、企业岗位技能需求、院校教学特点、教材编写特点有机结合，以保证课程技能传递职业岗位必备的核心技术与专业需求，又便于实现院校教师易教、学生易学的双重要求。

我们相信 Adobe® 创意大学计划必将为中国的创意产业的发展以及相关专业院校的教学改革提供良好的支持。

Adobe 将与中国一起发展与进步！

Adobe 大中华区董事总经理　黄耀辉

序二

近年来，随着计算机软硬件技术的发展，数字艺术这种新兴的艺术形式得以飞速发展，其应用领域包括平面、视频、动画、设计等。在很多电影电视作品中，数字艺术已经取代了传统的拍摄方法。电影与其他媒介中的数字艺术效果变得"超级"逼真，甚至无法看出它和真实场景的差别，其在视觉表现上完全与真实拍摄出来的画面如出一辙。

2006年的夏季，禁不住天堂梦想的诱惑，凭着对CG行业敏锐的触角，我们开始在钱塘江试水，这就诞生了由中南卡通、杭州文广集团和中国传媒大学合资成立的杭州汉唐影视动漫有限公司。汉唐整合了三方资源的优势，凭借强大的3D动漫、学术和文化产业平台，成为国内首家集产、学、研、媒体四位一体的3D影视及动漫产业旗舰。

我们秉承"笃心无界、行者无疆"的信念，本着"立足杭州、服务全国"的战略目标，一直在努力。目前已为杭州市政府、钱江新城管委会、杭州旅委、临安旅委、杭州高新区（滨江）、广东佛山、华数、新动传播、杭州国际动漫节组委会、阿里巴巴、中南卡通等国内数十家政府机构和知名企业提供了良好的视频解决方案。我们制作的影视作品有《大杭州旅游广告片》、《中南集团宣传片》、《第八届残疾人运动会宣传片》、《舟山旅游宣传片及广告片》、大型公益立体电影《品质杭州》宣传片、《第八届城市运动会宣传片》、《钱江新城十周年宣传片》等，动画作品包括《小龙阿布》、《乐比悠悠》、《中国熊猫》、《极速之星》、《恒生电子吉祥物》，还有《新水浒传预告片》、《宫心计》预告片、《阿六头》三维栏目包装等。其中，《小龙阿布》是中国首部全高清的三维动画片，目前正在央视一套热播。

数字艺术的发展引领着影视动漫产业的蓬勃发展，然而目前制约影视动漫产业发展的最大问题在于人才的匮乏。解决这个问题主要依靠教育和培训，而培养出优秀的人才则需将教育与实践紧密地结合起来。杭州汉唐影视动漫有限公司下辖教学培训中心，负责开展对外教学培训工作，学员在学习的同时直接参与实际项目的制作，强化学历教育与技能培训的沟通与接轨，实现"学业"与"职业"的有效整合。

易锋教育联合厂商与行业技术专家共同策划了"标准实训教材"和"技能基础教材"的新模式教材体系开发项目。我们有幸参与了该项目，负责编写动画与视频系列图书，目的是分享我们在多年动画与影视后期制作中积累的经验和技巧，以及在教学培训时积累的教育经验，将最新的合成技术与编辑流程呈现在读者面前。同时，我们希望更多的影视动画爱好者了解并深入到CG行业中，使国内影视动漫产业能够加速发展。

杭州汉唐影视动漫有限公司总经理

中国传媒大学研究生导师

何清超

前言

Adobe 于 8 月正式推出的全新"Adobe® 创意大学"计划引起了教育行业强烈关注。"Adobe® 创意大学"计划集结了强大的教学、师资和培训力量，由活跃在行业内的行业专家、教育专家、一线教师、Adobe 技术专家以及行业协会共同制作并隆重推出了"Adobe® 创意大学"计划的全部教学内容及其人才培养计划。

Adobe® 创意大学计划概述

Adobe® 创意大学（Adobe® Creative University）计划是 Adobe 公司联合行业专家、行业协会、教育专家、一线教师、Adobe 技术专家，面向国内动漫、平面设计、出版印刷、eLearning、网站制作、影视后期、RIA 开发及其相关行业，针对专业院校、培训机构和创意产业园区创意类人才的培养，以及中小学、网络学院、师范类院校师资力量的建设，基于 Adobe 核心技术，为中国创意产业生态全面升级和教育行业师资水平和技术水平的全面强化而联合打造的全新教育计划。

Adobe® 创意大学计划旨在与国内专业院校、培训机构、创意产业园区以及国家教育主管部门联合，为中国创意行业和教育行业培养更多专业型、实用型、技术型的高端人才，并帮助学生和从业人员快速完成职业和专业能力塑造，迅速提高岗位技能和职业水平，强化个人的市场竞争力，高质、高效地步入工作岗位。

专业院校、培训机构、创意产业园区人才培养平台均可加入 Adobe® 创意大学计划，并获得 Adobe 的最新技术支持和人才培养方案，通过对相关专业技术和专业知识、行业技能的严格考核，完成创意人才、教育人才和开发人才的培养。

加入"Adobe® 创意大学"的理由

Adobe 将通过区域合作伙伴和行业合作伙伴对 Adobe® 创意大学合作机构提供持续不断的技术、课程、市场活动服务。

"Adobe 创意大学"的合作机构将获得以下权益。

1. 荣誉及宣传

（1）获得"Adobe 创意大学"的正式授权，机构名称将刊登在 Adobe 教育网站 (www.adobecu.com) 上，Adobe 进行统一宣传，提高授权机构的知名度。

（2）获得"Adobe 创意大学"授权牌。

（3）可以在宣传中使用"Adobe 创意大学"授权机构的称号。

（4）免费获得 Adobe 最新的宣传资料支持。

2. 技术支持

（1）第一时间获得 Adobe 最新的教育产品信息、技术支持。

（2）可优惠采购相关教育软件。

（3）有机会参加"Adobe 技术讲座"和"Adobe 技术研讨会"。

（4）有机会参加 Adobe 新版产品发布前的预先体验计划。

3. 教学支持

（1）获得相关专业课程的全套教学方案（课程体系、指定教材、教学资源）。

（2）获得深入的师资培训，包括专业技术培训、来自一线的实践经验分享、全新的实训教学模式分享。

4. 市场支持

（1）优先组织学生参加 Adobe 创意大赛，获奖学生和合作机构将会被 Adobe 教育网站重点宣传，并享有优先人才推荐服务。

（2）有资格参加评选和被评选为 Adobe 创意大学优秀合作机构。

（3）教师有资格参加 Adobe 优秀教师评选；特别优秀的教师有机会成为 Adobe 教育专家委员会成员。

（4）作为 Adobe 创意大学计划考试认证中心，可以组织学生参加 Adobe 创意大学计划的认证考试。考试合格的学生获得相应的 Adobe 认证证书。

（5）参加 Adobe 认证教师培训，持续提高师资力量，考试合格的教师将获得 Adobe 颁发的"Adobe 认证教师"证书。

Adobe® 创意大学计划认证体系和认证证书

（1）Adobe 产品技术认证：基于 Adobe 核心技术，并涵盖各个创意设计领域，为各行业培养专业技术人才而定制。

（2）Adobe 动漫技能认证：联合国内知名动漫企业，基于动漫行业的需求，为培养动漫创作和技术人才而定制。

（3）Adobe 平面视觉设计师认证：基于 Adobe 软件技术的综合运用，满足平面设计和包装印刷等行业的岗位需求，为培养了解平面设计、印刷典型流程与关键要求的人才而定制。

（4）Adobe eLearning 技术认证：针对教育和培训行业制定的数字化学习和远程教育技术的认证方案，以培养具有专业数字化教学资源制作能力、教学设计能力的教师 / 讲师等为主要目的，构建基于 Adobe 软件技术教育应用能力的考核体系。

（5）Adobe RIA 开发技术认证：通过 Adobe Flash 平台的主要开发工具实现基本的 RIA 项目开发，为培养 RIA 开发人才而全力打造的专业教育解决方案。

Adobe® 创意大学指定教材

—《Adobe 创意大学 Photoshop CS5 产品专家认证标准教材》
—《Adobe 创意大学 InDesign CS5 产品专家认证标准教材》
—《Adobe 创意大学 Illustrator CS5 产品专家认证标准教材》
—《Adobe 创意大学 After Effects CS5 产品专家认证标准教材》
—《Adobe 创意大学 Premiere Pro CS5 产品专家认证标准教材》
—《Adobe 创意大学 Flash CS5 产品专家认证标准教材》
—《Adobe 创意大学 Dreamweaver CS5 产品专家认证标准教材》
—《Adobe 创意大学 Fireworks CS5 产品专家认证标准教材》
—《Adobe 创意大学 Photoshop CS5 图像设计师标准实训教材》
—《Adobe 创意大学 InDesign CS5 版式设计师标准实训教材》
—《Adobe 创意大学 After Effects CS5 影视特效师标准实训教材》
—《Adobe 创意大学 Premiere Pro CS5 影视剪辑师标准实训教材》
—《Adobe 创意大学平面视觉设计师 Photoshop CS5+InDesign CS5+Illustrater CS5 标准实训教材》
—《Adobe 创意大学视频编辑师 After Effects CS5+Premiere Pro CS5 标准实训教材》
—《Adobe 创意大学动漫设计师 Flash CS5+Photoshop CS5 标准实训教材》
—《Adobe 创意大学网页设计师 Dreamweaver CS5+Photoshop CS5 标准实训教材》

"Adobe® 创意大学"计划所作出的贡献，将提升创意人才在市场上驰骋的能力，推动中国创意产业生态全面升级和教育行业师资水平和技术水平的全面强化。

项目及教材服务邮箱：yifengedu@126.com

服务QQ：3365189957

编著者

2011 年 12 月

目录

模块03 爱知世博杭州宣传片——故事板的设定

模块04 都锦生广告片——影视剪辑中的景别

模块05 传媒30周年宣传片——场景转换技巧

模块06 小龙阿布动画——音频素材的处理

模块07 小龙阿布动画——字幕的创建

模块08 杭州滨江区形象片——影片的格式与输出

模块09 卡通动画的校色——卡通色彩滤镜的使用与输出

模块

Premiere Pro CS5制作基础

能力目标

掌握Adobe Premiere Pro CS5相关基本概念以及制作影视片的基本流程

专业知识目标

1. 熟悉行业规范的视频格式要求
2. 掌握PAL制式以及高清等的相关概念
3. 了解和掌握商业影视片的制作流程

软件知识目标

掌握Adobe Premiere Pro CS5的基本工作原理

课时安排

4课时（讲课4课时）

知识储备

    Adobe Premiere Pro CS5是美国Adobe公司针对Windows系统和Mac系统开发的一款视频非线性编辑软件，广泛用于电视台、广告公司以及电影剪辑等领域。

1．Windows系统

- Microsoft Windows XP（带有 Service Pack 2，推荐Service Pack 3），或Windows Vista Home Premium、Business、Ultimate，或Enterprise（带有Service Pack 1，通过 64位Windows XP以及64位Windows 7和64位Windows Vista认证）。
- DV需要2GHz或更快的处理器，HDV需要3.4GHz处理器，HD需要双核2.8GHz处理器。
- 2GB内存。
- 10GB可用硬盘空间用于安装，安装过程中需要额外的可用空间（无法安装在基于闪存的设备上）。
- 1280×900屏幕，OpenGL 2.0兼容图形卡。
- DV和HDV编辑需要专用的7200转硬盘驱动器；HD需要条带磁盘阵列存储（RAID 0），首选SCSI磁盘子系统。
- SD/HD工作流程需要经Adobe认证的卡捕获并导出到磁带。
- 需要OHCI兼容型IEEE 1394端口进行DV和HDV捕获，导出到磁带并传输到DV设备。
- DVD-ROM驱动器（创建DVD需要DVD+-R刻录机）。
- 创建蓝光盘需要蓝光刻录机。
- Microsoft Windows Driver Model兼容或ASIO兼容声卡。
- 使用QuickTime功能需要QuickTime 7.4.5软件。
- 在线服务需要宽带Internet连接。

2. Mac OS系统

- 多核Intel处理器。
- Mac OS X 10.4.11-10.5.4版本。
- 2GB内存。
- 10GB可用硬盘空间用于安装，安装过程中需要额外的可用空间（无法安装在使用区分大小写的文件系统的卷或基于闪存的设备上）。
- 1280×900屏幕，OpenGL 2.0兼容图形卡。
- DV和HDV编辑需要专用的7200转硬盘驱动器；HD需要条带磁盘阵列存储（RAID 0），首选SCSI磁盘子系统。
- DVD-ROM驱动器（DVD刻录需要SuperDrive）。
- 创建蓝光盘需要蓝光刻录机。
- Core Audio兼容声卡。

- 使用QuickTime功能需要QuickTime 7.4.5软件。
- 在线服务需要与宽带Internet连接。

知识点2 节目制作相关知识

1. 光与色

（1）光波长与彩色的关系

物理学研究表明，光的本质是一种电磁波，以$3×10^8$m/s的速度，以波动的形式，从许多自然的和人工的光源放射出来。人眼能感觉到的，称为可见光；而低于或高于这个范围，是人眼感觉不到的。可见光的电磁波频率很高，波长很短，为380nm～780nm。随光的波长不同，人眼感觉到的颜色也不同，波长从短到长（频率从高到低）呈现的颜色按紫、蓝、青、绿、黄、橙、红的顺序排列，如图1-1所示。

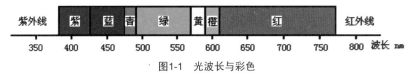

图1-1　光波长与彩色

人眼所能看到的这个可见光谱是一个整体，如果发光物体（光源）发出各种波长的光波能量相等，则呈现为白色光，称为等能白光。例如太阳光近乎白光，它是包含有各种波长光的混合光。人的眼睛把范围相当广的发光体发出的光线，都会当作是白光。人眼是可以欺骗的，因为人眼能适应；但摄像机是不能适应的，因此，在拍摄时，摄像机需要经常调整白平衡。相关白平衡的知识将在后面的章节详细介绍。

本身发光的物体射出的彩色光取决于所发射光波的光谱分布情况，而本身不发光的物体的彩色取决于照明条件和该物体对不同光波的吸收与反射特性。

（2）滤色镜

对于射入的具有不同波长的光波，能够选择某段波长的光波通过的透镜称为滤色镜。它分为染料滤色镜和干涉滤色镜两大类，如图1-2所示。

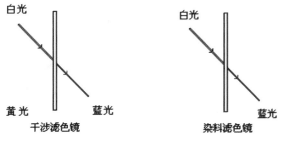

图1-2　滤色镜的滤色原理

①染料滤色镜

染料滤色镜通常由有色玻璃制成，主要特性是除了透过某一部分色光外，其余的光波全部被有色玻璃吸收。因此，染料滤色镜可以用来滤掉除有用光以外的干扰，拍摄时常用于影视画面色彩的调整控制。

②干涉滤色镜

干涉滤色镜是把多层折射率不同的物质蒸镀在玻璃上制成的，可把透过光以外的光线全部反射出来。利用这种干涉滤色镜，可以把任何一种白光分解成红、绿、蓝三种基色光分量。干涉滤色镜是摄像机中分色系统的重要组成部分。

（3）彩色光三元素

人眼视觉可以感知到自然界的彩色光五颜六色，明暗和浓淡各不相同。因此，可以用色调、亮度、饱和度3个参数来描述彩色光，这3个参数称为彩色光的三元素。

①色调（色别、色相）

色调是彩色的主要特征，表示彩色的种类，是由人眼感知到的彩色光光谱功率分布不同造成的。如，红、橙、黄、绿、青、蓝、紫等都是表示色调的，但红、粉红、玫瑰红等则属于同一个色调——红色调。此外，还有蓝、绿、黄等色调。

②亮度（明度）

同一色调的彩色看上去深浅、明暗程度不同，这一特征即彩色的亮度。它与光照强度和物体的反光率有关。亮度反映了光对人眼的刺激程度。

③饱和度（纯度）

饱和度表示彩色的纯净程度，或浓淡的程度。一种完全纯的彩色光，是仅仅由单一波长的光或若干单波长的光复合形成的，饱和度高。当具有不同波长的光——白光混入纯色光时，纯色光会被混入的白光冲淡，饱和度降低。饱和度的高低是由纯色光混入白光的多少而确定的，未混入白光的饱和度高；混入的白光越多，饱和度越低。

（4）照度与亮度

①照度

照度是光源射出的光线到达受光物体表面单位面积的光强度，与光源的发光强度成正比，与距离的平方成反比，是拍摄现场照明条件的重要指标。照度的单位是lux。常见的照度参考值如表1-1所示。

表1-1　常见的照度参考值

实际场所	照度/ lux
正午露天地面的照度	100000
太阳光不直接照射的地面照度	1000～10000
晴朗的夏天采光良好的室内照度	100～500
普通工作场所必要的照度	20～1500
满月在地面上产生的照度	0.2

②亮度

亮度是指被光照射的物体表面的明亮程度，可用以表示光源表面的亮度，也可以表示被光线照明的物体表面反射光面和透光面的亮度。摄影和摄像都是按亮度曝光的。

（5）色温

物理学实验表明，将一个"绝对黑体辐射体"（如不反射、不透射入射光的封闭的碳块）加热，观察它在逐步加温时发射光的光谱分布，"绝对黑体辐射体"被加热到一定温度时，呈红色，光谱成分与红光光谱成分一致；逐步提高温度；"绝对黑体辐射体"最终呈蓝色，光谱成分与蓝光光谱成分一致；随着温度的变化，"绝对黑体辐射体"的光谱成分产生了一系列变化，温度与光谱成分相对应。因此，用完全辐射体的温度即可表示实际光源的光谱成分。暖色光色温低，冷色光色温高。色温使用绝对温标（开尔文）表示，单位为K。色温是温度与光谱成分的对应关系，与实际工作温度可能完全不同。常见光源的色温如表1-2所示。

表1-2 常见光源的色温

常见光源	典型色温 / K
蜡烛光	1930
家用钨丝灯	2600～2900
演播室钨丝灯	3000～3400
三原色灯	3000～5600
高色温影视外景灯	5600
日出、日落	2000～3000
昼光	4500～4800
中午日光	5000～5400
阴天	6800～7500
蔚蓝色的天空	10000～20000

2. 三原色

（1）三原色原理

物理学实践和理论研究证明，自然界中的任何色光都可以分解成为红、绿、蓝三种色光的分量；而利用红、绿、蓝三种色光按不同比例混合，可以混配出自然界中的任何彩色光。这个原理称为三原色原理，而红、绿、蓝三种彩色光称为三原色。混合光的亮度为三种颜色光亮度的总和。

（2）加法混色法

加法混色法用于彩色光的混合。不同的彩色光混合时，各自在光谱中所占的部分叠加在一起，从而产生一种新的混合色光。但是，该法所采用的原色光必须是红、绿、蓝，遵循规则：红+绿=黄，红+蓝=品红，蓝+绿=青，红+绿+蓝=白，如图1-3所示。

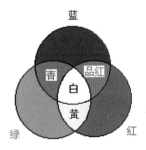

图1-3 加法混色

（3）减法混色法

减法混色法用于颜料的混合和物体的固有色，是颜料和物体对照射光在选择吸收过程中产生合成的彩色光效果。当颜料混合时，它们各自从入射光吸收其在光谱中所占的相应光谱部分，然后反射某种色光的光谱。当光线照射到物体表面时，物体吸收了可见光的大部分光谱，反射出的光谱部分就是物体的固有色光谱。减法混色法遵循规则：青+黄=绿，品红+青=蓝，品红+黄=红，品红+青+黄=黑，如图1-4所示。

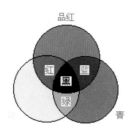

图1-4 减法混色

（4）互补色

互补色指两种以上的色光或颜色混合后能产生黑、白、灰（消色的）的色彩关系。两种以上的色光混合后产生白光的色光，如红和青、绿和品红、蓝和黄等是加法混色的互为补色；两种以上的颜色混合后能产生黑、灰的颜色，是减法混色的互为补色。

3．数字视频的基本知识

（1）传统电视系统的组成

电视是目前世界上利用最广泛的传播媒体，是传送声音和活动图像的传播方式，是应用电子技术对静止或活动的自然景物影像进行转换、记录、传送和重现的技术工程。电视系统主要由信号获取、记录、传送和接收重现四大部分组成，如图1-5所示。

（2）电视摄像机的分类

按照信号处理和输出方式的不同，电视摄像机大致可分为以下几种。

①模拟处理摄像机，以传统的电路处理模拟电视信号，输出为模拟电视信号。由于其电视信号质量较低，正在逐渐被淘汰。

②数字处理摄像机，主要是将模拟信号经由模/数转换为数字电视信号，经数字电路处理，再经数/模转换，输出为模拟复合或模拟分量电视图像信号，与模拟录像机匹配。

③全数字摄像机，信号同样是模拟信号经模/数转换为数字电视图像信号，经数字电路处理，然后输出为符合录像机不同记录格式的数字电视图像信号，与数字录像机匹配。目前，电视广播系统正在从模拟方式向数字方式全面过渡的进程中，全数字摄像机将全面取代以上两类摄像机，成为摄像机的主流机种。

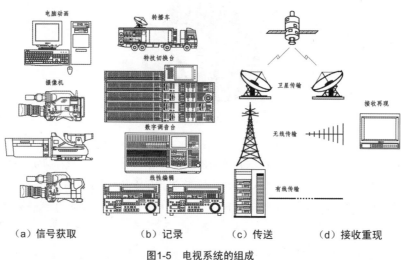

（a）信号获取　　　　（b）记录　　　　（c）传送　　　　（d）接收重现

图1-5 电视系统的组成

（3）模拟信号与数字信号

温度由低到高，速度由小到大，这些变化都是连续的，一方面随着时间的持续不会中断，另一方面值的大小连续变化不会跳跃。这种连续变化的量称为模拟量。

模拟信号是指信号（电压、电流或磁场强度等）的变化规律直接模拟（模仿）客观被传送的信息量（光的强弱或声的大小等）的变化规律，它的特点是：在时间上连续变化，即在每一个瞬间都有一个量值与被传送的信息量相对应；在幅度上也连续变化，即在动态变化范围之内，任何一个幅度量值上都存在一个（或几个）量值与被传送的信息相对应；如图1-6所示。

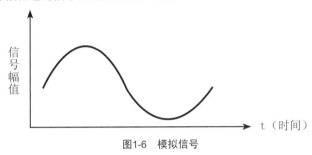

图1-6 模拟信号

在客观世界中，时间是连续变化的模拟量，但用来描述时间的数字钟却是每隔一秒或一分钟有规则地变换一个数字。在一分钟或一秒钟之内，数字钟的显示是没变化的。数字钟显示的就是数字量。将一秒钟分成六十份，或再细分，让数字钟显示，数字的变化就会特别快，虽然对时间的描述更接近客观时间，但超出了人眼的视感范围，因而显得没有意义。

模拟信号是随连续时间而连续变化的电平信号，变化的每一个瞬间都有信息量。若将模拟信号用0和1的编码描述每个瞬间的信号幅度，即以一个个离散的数字来表示瞬间被传送的信息量，在时间上是离散的，即只有规定间隔的时刻有量值，相邻的两个等级之间的幅度值则按舍或入的规则合并，并用数字设备处理的信号就是数字信号。

在电视系统中，利用数字信号传输是针对模拟信号的改进。模拟信号在电视系统的信号传送过程中存在着很难克服的缺陷，特别是模拟信号在多次传输或者复制后会形成噪声累积、线性失真、非线性失真、亮色互扰、行间闪烁及爬行等现象，导致图像质量不断下降并且不可修复。而数字信号可以很容易地区分原始信号和混入的噪波并校正，传送中，信号的保真度得以大大提高。现在的数字电视信号指在电视信号产生后的处理、记录、传送和接收的过程中全部使用数字信号，相应的设备称为数字电视设备。利用数字信号的电视系统称为数字电视系统。

4. 线性编辑和非线性编辑

（1）线性编辑

线性编辑是传统的视频编辑方式，它是在编辑机上进行的。编辑机通常由一台放像机和一台录像机组成。放像机选择一段合适的素材进行播放，并由录像机记录有关内容，然后由特技机、调音台和字幕机来完成相应的特技、配音和字幕叠加，最终合成影片。由于这种编辑方式的储存介质是由录像机通过机械运动将磁头25帧/秒的视频信号依次记录在磁带上，在编辑时也必须按照顺序寻找所需要的视频画面。用传统的线性编辑方法在插入与原画面时间不等的画面，或删除节目中某些片段时都需要重编，而且每重编一次视频质量都要有所下降。

（2）非线性编辑

非线性编辑系统是把输入的各种视频、音频信号进行模/数转换，采用数字压缩技术存入计算机硬盘中。非线性编辑没有采用磁带而是用硬盘作为存储介质,记录数字化的视音频信号,由于硬盘可以满足在1/25s内任意一帧画面的随机读取和存储,从而实现视频、音频编辑的非线性。如Premiere视频编辑软件就属于非线性编辑。

（3）线性编辑与非线性编辑比较

线性编辑的设备运用到的很多,整套系统需要录像机、编辑机、字幕机、特技机、调音台等多台机器,而非线性编辑只需要一台电脑就能实现。

线性编辑是依赖磁带、胶片的拍摄,因此在采集的过程中视频、音频会有一定损失,并且线性编辑在处理时因为磁带、胶片的反复使用,加大录像带和磁鼓之间的磨损,同时在制作过程中,视频信号经过特技台、字幕机等设备后,信号质量有一定的衰减,均会导致图像质量下降。非线性编辑的素材是以数字信号的形式存放到计算机硬盘中的,采集时一般用分量采入,信号基本没有衰减,而且在压缩过程中可以控制压缩的比例,从而达到控制图像质量的目的。

模拟的线性编辑的编辑方式,它依赖大量昂贵的设备,而且对于工作人员的要求比较高,操作起来也不是很方便。而非线性编辑的功能往往集录制、编辑、特技、字幕、动画等多种功能于一身,而且可以不按照时间顺序编辑,它可以非常方便地对素材进行预览、查找、定位,设置出点、入点,具有丰富的特技功能,可以充分发挥编辑人员的创造力和想象力。编辑节目的精度高,可以做到正负0帧,便于节目内容的交换与交流。任何一台计算机中可以运用多种格式的文件,这些格式文件都可以在非线性编辑系统中调出使用。一般非线性编辑系统都提供复合、YUV分量、S-VHS、DV、QSDE、CSDE、SDI数字输入输出接口,可以兼容各种视频、音频设备,也便于输出录制成各种格式的资料。

5. 彩色电视图像基础知识

我国的电视制式是PAL制。PAL制每秒有25帧画面,画面尺寸为720×576,画面比例为5:4,像素比为1:1.067。

（1）彩色电视机的制式

所谓的电视制式,就是电视系统的各个部分共同实行的一种处理视频和音频信号的技术标准。只有技术标准一致,才能实现制作的节目在电视机上接收重现时信号正常。

彩色电视机的制式一般只有三种,即NTSC（正交平衡调幅制, National Television Systems Committee）、PAL（正交平衡调幅逐行倒相制, Phase-Alternative Line）、SECAM（行轮换调频制, Séquential Couleur Avec Mémoire）三种。

①NTSC制,采用这种制式的国家主要有美国、加拿大和日本等。

②PAL制,中国、德国、英国和其他一些西北欧国家多采用这种制式。

③SECAM制,采用这种制式的有法国、前苏联和东欧一些国家。

（2）扫描

由于人眼的视觉具有暂留的特点,电视显像管中的电子枪发射的电子束顺序激活荧光屏上第一组到最后一组像素,仅需1/25s（或1/30s）,这段时间内被激活的所有像素构成的影像还都暂留于人眼的视觉印象中,因此就构成了一帧完整的图像。按一定规律,在规定时间内,顺序激活满屏的所有像素称为扫描。

扫描是指按一定规律拾取（光—电转换）或组合（电—光转换）像素的过程,即按顺序将电视屏幕上的像素重现为光图像的过程。电视的活动图像是一个三维函数,行（H）、场（V）随时间（t）的变化而变化。而在电视系统中只能传送一维时间函数的电信号。扫描的作用是将行、场、时间三维函数的电视图像信号变成一维时间函数的电信号。电视扫描的方法：从左到右为行，从上到下为场，首先把二维空间变量转换为按时间先后出现的时间变量，而场与场之间的信息变化，则通过多次重复扫描来传送。

按现行的广播电视传输标准，标准清晰度（SD）PAL制电视图像的每一幅画面（一帧图像）由625扫描行组成，NTSC制的一帧电视图像由525扫描行组成。扫描时先扫奇数行，再倒回去扫偶数行，称为隔行扫描。每隔行扫描一次称为一场，每场扫描时间为1/50s（PAL制）或为1/60s（NTSC制）。由两场叠加成一幅完整的画面称为一帧，每帧扫描时间为1/25s（PAL制）或1/29.97s（NTSC制），即PAL制电视每秒扫描完成25帧图像，NTSC制电视每秒扫描完成约30帧图像，如图1-7所示。

如图1-7所示为彩色电视机对一帧图像的扫描方式。在A图（奇数场扫描）中，电子束从荧光屏左上角a点开始到b点进行水平扫描，到达b点后，很快地回扫到c点；之后从c点开始到d点进行下一点的水平扫描，再从d点回扫到e点；接着从e点到f点再扫描一行，这样一行一行地进行水平扫描，直到荧光屏下边中央的点为止，奇数场即扫描完毕。

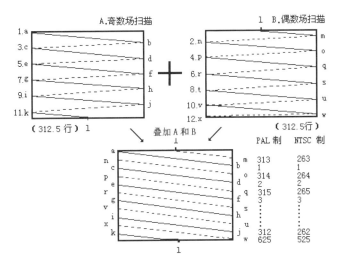

图1-7　一帧图像的扫描示意图

从a到b、c到d等由实线表示的扫描线组成的整个画面，称为正程扫描线。从b到c、d到e等由虚线表示的扫描线表示扫描电子束被消隐，不出现图像，称为回扫线；这段回扫时间称水平消隐期。图A中到达l点的电子束，是要快速返回到荧光屏上边的中央（称为垂直回扫线，这期间电子束也是被消隐的）开始扫描的。如B图（偶数场扫描）所示，从l点到m点，从m点到n点……直到从w点到x点，完成另一场扫描。应该注意到奇数场和偶数场的扫描起点和终点是不一样的。

将A图和B图叠加在一起就组成了C图。可以看出A图的一行扫描线正好在B图的两行扫描线正中间，这种由A图和B图共同组成一幅图像的扫描方式称为隔行扫描。

A图和B图为了示意都只画了5.5条扫描线，但实际画面是奇、偶场扫描线都各有312.5行，加起来是625行。

扫描是完成按一定顺序拾取和传送每个像素电平信号的具体方法。接收端扫描与发送端扫描的规律、方式和速度完全相同，但其作用与发送端相反，是用于把一维时间函数的电信号在荧光屏上重新还原为行、场、时间三维函数的活动图像。

视频标准中最基本的参数是扫描格式，主要包括图像在时间和空间上的取样参数，即每行的像素数、每帧的行数、每秒的帧数以及隔行（Interlace）扫描或逐行（Progressive）扫描。扫描格式主要有525/59.94和625/50两大类，前者是每帧的行数，后者是每秒的场数。PAL制的场频是50Hz，行频是15625Hz。NTSC制的场频是59.94Hz，行频是15734.266Hz。

在数字领域，经常用垂直、水平像素数和帧频来表示扫描格式，如704×480×30，1920×1080×30等。常规标准清晰度电视（SDTV）扫描格式为704×480×F和640×480×F，帧频F可以是23.976、24、29.97、30、59.94和60Hz。高清晰度电视（HDTV, High Definition Television）扫描格式1920×1080×F，帧频F可以是23.976、24、25、29.97、30逐行及50、59.94、60Hz隔行的多格式记录和播放。

（3）像素

像素通常被理解为图像最小的完整采样单位，也就是图像显示的基本单位；译自英文pixel。pix是英语单词picture的常用简写，加上英语单词element（元素），就得到pixel，故"像素"表示"图像元素"之意，有时亦被称为pel（picture element）。每个像素可有各自的颜色值，电视行业采用三原色显示，分成红、绿、蓝三种子像素（RGB色域）。

一个像素所能表达的不同颜色数取决于比特每像素（BPP, bit per pixel）。这个最大数可以通过取2的色彩深度次幂得到。常见的取值有如下几个。

①8bpp：256色，亦称8位色。

②16bpp：2^{16}=65,536色，高彩色，亦称16位色。

③24bpp：2^{24}=16,777,216色，真彩色，亦称24位色。

④32bpp：在24位色的基础上增加了8位（2^8=256）的灰度（亦称"灰阶"），色彩最大数与24位色是相同的，同样也称为真彩色。

⑤48bpp：2^{48}=281,474,976,710,656色，一般在专业扫描仪中才会用到。

目前，电视系统中信号的传送与接收依然受硬件的限制，普通家庭所使用的液晶电视机色彩数为16.7M，即24位真彩色。

因为制作需要，电视节目制作中除了对红、绿、蓝三种子像素的每个子像素要求的颜色饱和度是2^8，另外需要8位的灰度信息记录，用于alpha通道（透明通道）。也就是说，在制作中，对于素材的要求一般都需要32位真彩色。在实际的制作过程中，为了尽可能保证图像可以还原，方便软件识别信号，减少制作中的损耗（如抠像素材等），根据实际情况，对于素材的BPP要求会更高。

（4）像素比

像素比是指图像中像素的宽度与高度之比。

通常，电视的像素成矩形，像素比为1:1.0940，而计算机的像素成正方形，像素比为1:1。因此，在计算机显示器上看起来合适的图像在电视屏幕上会变形，显示球形图像时尤为明显。

在Premiere新建自定义视频格式的时候，对于使用者通常都有一个疑问，Frame Size（帧尺寸）的纵横比和Pixel Aspect Ratio（像素纵横比）的关系是什么。例如在定义帧（也就是整个影片画面的尺寸）的horizontal（宽）和vertical（高）为720*576时，如果把"像素纵横比"设置为"D1/DV PAL （1.0940）"，那么屏幕的纵横比（黄色箭头所指）为4:3；如果将"像素纵横比"设置为"Square Pixels（方形像素）"，屏幕的纵横比就变成了5:4，如图1-8所示。

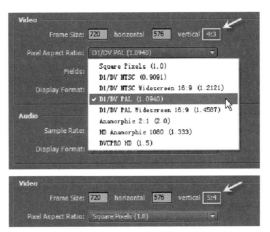

图1-8　电视像素比与计算机像素纵横比示意图

所以，当"像素纵横比"设置为"D1/DV PAL（1.0940）"时，这里的720是指电视机的实际画面比例宽度768。以标准清晰度PAL制为例，画面尺寸比为720:576=5:4，而实际的电视画面比例为768:576=4:3，为了让实际播出时画面大小满足画面比例的要求，像素需要调整比例大小来适应整体画面的比例大小。所以采用折中的方法即4:3 / 5:4≈1.067，这就是电视像素实际被拉伸的像素比1:1.067。

（5）高清晰电视工作格式

现在，HDTV高清电视概念广泛传播，高清电视画面的比例是16:9。现在国际上通用的高清标准制式有很多种，在中国的高清电视制式中，目前经常接触的有三种，分别是720/30p（1280×720p，每秒30帧逐行扫描）、1080/50i（1920×1080i，每秒50场隔行扫描）、1080/25p（1920×1080p，每秒25帧逐行扫描）。国家广电总局所规定的高清数字信号广播电视播放标准为第二种。

三种常用高清制式与标准制式相比，不难发现，目前在高清的制式中有逐行扫描的格式。为了区分逐行扫描与隔行扫描，后缀会加上p或者i。其中，p指的是逐行扫描，i指的是隔行扫描。

6．影视制作的基本流程

在今天，影视的制作已经形成了一个完整的科学体系，其制作流程大致分为前期准备、拍摄、数字制作和后期四个部分。

（1）前期准备

当创意部门完全确认方案并获准进入实际制作阶段后，创意部门会将创意的文案、画面说明以及故事版全部呈递给制作部门。制作部门将在创意部门的帮助下，区分拍摄部分与数字制作部分，并对镜头脚本、导演阐述、灯光影调、音乐样本、布景方案、演员造型、道具及服装等一切有关拍摄的所有细节进行全方位的准备工作。

（2）拍摄

依照前期准备的拍摄计划，由摄制组进行拍摄工作。根据一般的作业习惯，为了提高工作效率，往往会将机位、景深相似的镜头一起拍摄，而并非按照镜头脚本的顺序进行。并且，为了保证拍摄的镜头足够用于剪辑，每个镜头都会尽量拍摄不止一遍。

（3）数字制作

有些创意内容是实际拍摄工作无法实现的，比如卡通角色的融合等。数字制作组会根据创意部门提供的资料进行这些内容的制作工作，为后期制作提供足够的素材。

（4）后期制作

初剪：也叫粗剪。一般会按照最初的故事版中的顺序将拍摄素材与数字素材一并顺接起来，进行简单的视觉修正，形成一个没有视觉特效、没有配音和配乐的版本。

（5）特效合成

依照脚本的描述，将需要的特效部分合成到影片中。

（6）正式剪辑

在确认初剪之后，进入正式的剪辑阶段，这个阶段也叫做精剪。精剪过程中要对影视作品进行最后的修正。

（7）配音和配乐

录制对白、旁白和音乐，并配上相应的音效。

（8）整合输出

影视制作的最后一道工序就是将制作好的视频和音频元素精确地合成在一起，并输出到电视播出带或其他配体介质。

知识点3　Adobe Premiere Pro CS5的基本工作原理

Adobe Premiere Pro CS5为视频与音频的编辑提供了统一并可自由定义的工作界面布局。Adobe Premiere Pro CS5默认的工作界面布局如图1-9所示。

图1-9　Adobe Premiere Pro CS5默认的工作界面布局

1. 项目窗口

项目窗口是素材文件的管理器，需要进行剪辑的素材都会导入其中，进行统一的管理操作。素材在项目窗口中会显示名称、类型、长度及大小等信息，并且在项目窗口上方会显示素材的缩略图以及基本信息。

2. 监视器窗口

监视器窗口是用来播放素材与节目内容的窗口，左右两个监视器分别是素材源监视器和节目监视器。监视器窗口不仅可以播放与预览，还能进行一些基本编辑。

3. 时间线窗口

时间线窗口是剪辑节目的制作场所，素材片段按照播放时间的先后顺序以及合成的前后层顺序在时间线上进行从左到右、由上到下的排列，并且使用各种编辑工具在时间线上对素材进行编辑操作。

4. 信息窗口

信息窗口显示选中元素的基本信息，如果是素材片段，则显示其持续时间、出入点等信息。信息显示的内容与方式完全取决于媒体类型及当前窗口等要素，对于编辑工作有很大的参考作用。

5. 工具箱窗口

工具箱窗口包含了常用的在时间线窗口中进行编辑操作的工具。例如可以进行选择、切割、缩放等。一旦选中某种工具，鼠标在时间线上便会显示此种工具的外形，并具有其相应的编辑功能。关于各个工具的具体功能，会在后面的章节中逐一介绍。

使用Adobe Premiere Pro CS5进行后期制作时，无论最终的视频用于电视播放、网络播放还是刻录光盘，其制作流程与整个后期制作的流程息息相关，都应大致遵循后期制作的流程：新建或打开项目，采集或导入素材，整合并剪辑序列，添加字幕，添加转场和特效，添加音频和音效，整合输出。后面的章节中会按照这个大致的流程，详细讲述Adobe Premiere Pro CS5在实际的后期制作环节中的应用。

课后作业

1. 填空题

（1）我国的电视制式是_____制，每秒有_____帧，画面大小为_____，其画面比例为_____，像素比为_____。

（2）国家广电总局规定的高清数字信号广播电视播放标准为_____。电视制式中，后缀会加上p或者i。其中，_____指的是逐行扫描，_____指的是隔行扫描。

2. 单项选择题

（1）以下几种混色效果中，（　　　　　）是减法混色。

    A. 红+绿=黄　　　　　　　　　　B. 红+绿+蓝=白

    C. 蓝+绿=青　　　　　　　　　　D. 品红+青=蓝

（2）关于Adobe Premiere Pro CS5软件的默认工作界面布局，下列描述错误的是（　　　　　）。

    A. 项目窗口是素材文件的管理器

    B. 监视器窗口是剪辑节目的制作场所，可以使用各种编辑工具在时间线上对素材进行编辑操作

    C. 信息窗口显示选中元素的基本信息，对于编辑工作有很好的参考作用

    D. 工具箱窗口包含了常用的在时间线窗口中进行编辑的工具

3. 简答题

简述影视制作工作的基本流程，简述Adobe Premiere Pro CS5在制作工作各个环节中是否有相关应用。

模块

佛山宣传片
—— 素材的导入与管理

能力目标
如何根据剪辑制作思路和框架有效地管理剪辑素材

专业知识目标
1. 素材收集
2. 素材选择

软件知识目标
1. 创建项目与导入素材
2. 用素材箱有效管理素材

课时安排
6课时（讲课3课时，实践3课时）

模拟制作任务（3课时）

任务一 整理佛山宣传片的剪辑制作思路

任务背景

本项目根据佛山市政府的整体发展定位——建设制造业高度发达、岭南文化特色鲜明的现代化大城市这一要求制作城市宣传片。

任务要求

整理佛山宣传片的剪辑制作思路，为剪辑做好准备。佛山宣传片的总体思路为"古老文化的味道+现代城市的气息"。注意两点：整个片子的核心、支撑点要明确；其中要有佛山本身的标志性，不要让佛山人有不认识的感觉。

播出平台：多媒体、央视及地方电视台

制式：PAL

任务分析

1. 宣传片剪辑制作中遇到的问题

佛山是一座历史悠久的文化名城，拥有太多的标志：武术之乡、陶瓷之乡、美食之乡、粤剧的发源地等，代表刚性的武术与代表柔性的艺术同时在这座城市里存在，并且和谐发展。可以代表的特性太多，如果内容选择上缺少某个方面，都将无法表现出一个完整的佛山。因此，需要有一个比较完整并合适的思路来介绍佛山。

2. 宣传片制作中解决问题的思路

根据佛山市政府的整体发展计划，即佛山的城市发展定位，整理出两条剪辑制作思路。

（1）关于岭南文化

佛山是岭南文化之源。刚接触岭南文化的人很容易把岭南文化局限于特色建筑、粤剧、武术、美食等数不尽的标志中。然而，岭南文化悠久的历史，有着更深刻的内涵。曾有言："岭南文化是佛山城市发展的'根'和'魂'，其时代价值主要体现在与时俱进的文化理念，核心内涵是'敢为人先'的创新精神。"可以看出，要突出表现的是重商务实、兼容并蓄、顺变求新。

（2）关于佛山制造业

佛山因商而起，是历史上著名的四大古镇之一。近代，陈启沅建立了中国第一个民族资本的纺织厂；现代，邓小平在视察南方时，提出一句改变中国人思维的话，即"发展才是硬道理"，其突出表现仍然是重商务实、兼容并蓄、顺变求新。以上两条线的交叉，形成了该片的核心主线，那便是"重商务实"的佛山精神。

通过宣传片，希望每个喜欢岭南文化的人都能向往佛山，将这里作为他们寻根的载体。

3. 宣传片内容的安排

根据解决问题的思路，宣传片剪辑制作的大致思路框架整理如下。

（1）敢为天下先

珠三角的腹地，加上水的滋润，佛山诞生了历史上赫赫有名的喝"头啖汤"的先行者，并且这种精神一直在延续。

（2）古镇都市风情

感受先人的足迹和文化。曾经的繁华在古镇与都市之间演绎出了另一种风情，在历史与现代的融合中，佛山彰显着她的灵性和从容。

（3）发展才是硬道理

文化的传承，一方面为商业经济发力，另一方面又不断推动产业升级。佛山展现出面向世界的新姿态。

4. 根据思路框架选择宣传片内容

（1）敢为天下先　　　　　　　　　（2）古镇都市风情　　　　　　　　　（3）发展才是硬道理

（1）敢为天下先　　　（2）古镇都市风情　　　（3）发展才是硬道理

（2）古镇都市风情　　　　　　（3）发展才是硬道理

→ 本案例的重点和难点

根据剪辑制作思路，在Adobe Premiere Pro CS5中创建相应的素材箱，利用素材箱整理并归纳素材。

【技术要领】利用素材箱管理素材。

【解决问题】整理归纳素材，剪辑事半功倍。

【应用领域】影视后期。

【素材来源】光盘\模块02\素材\FS。

【最终效果】光盘\模块02\效果参考\佛山城市形象片.mpg。

↓ 操作步骤详解

创建并设置项目工程

01 启动Adobe Premiere Pro CS5，弹出如图2-1所示的窗口。

02 单击【New Project】（新建项目）按钮，弹出 New Project 对话框。在 General（常规）选项卡的 Name（名称）文本框中输入"佛山宣传片"；Location（位置）下拉列表框显示了新项目工程的存储路径，单击【Browse】按钮可改变新项目工程的存储路径，然后单击【OK】按钮，如图 2-2 所示。

图2-1　Adobe Premiere Pro CS5的启动窗口

图2-2　新建项目工程

03 弹出New Sequence（新序列）对话框，在Sequence Presets选项卡中选择DV-PAL制式中的Widescreen 48kHz，在下面的Sequence Name（序列名称）文本框中确认序列名称，然后单击【OK】按钮，如图2-3所示。

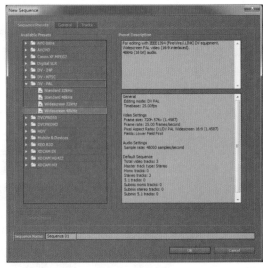

图2-3　新建序列

04 进入Adobe Premiere Pro CS5的编辑界面，如图2-4所示。

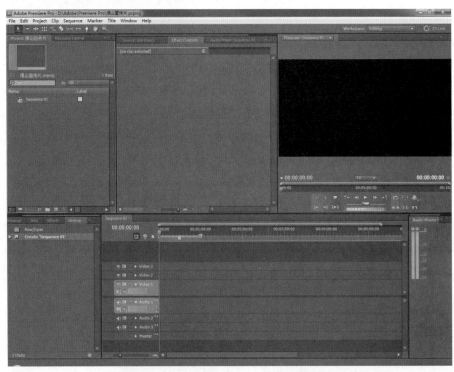

图2-4　Adobe Premiere Pro CS5的编辑界面

此时，在Project面板中会出现一个名为Sequence 01的空白序列片段素材。在Adobe Premiere Pro CS5中，各种不同的素材经过剪辑制作后，便可生成一个相对独立的完整作品，一个作品就是一个Sequence。Adobe Premiere Pro CS5允许一个项目中出现一个或者多个Sequence，在项目文件中可以自由地删除[01]、新增Sequence[02]，并且Sequence可以作为普通素材被另一个Sequence引用或者被编辑。但是，要在Adobe Premiere Pro CS5中剪辑制作一个相对独立的完整作品，新建一个Project后，至少需要在这个Project中存在一个Sequence，如此才能对素材进行剪辑制作。

导入素材

[05] 创建好项目工程后，需要将整理好的素材导入到Project面板[03]。选择File>Import命令，弹出Import对话框[04]，如图2-5所示。

图2-5　Import对话框

[06] 在Import对话框中，进入素材文件夹，按住Ctrl键，选择所有佛山宣传片素材，单击【打开】按钮就可以将选择的所有素材导入Project面板中，如图2-6所示。

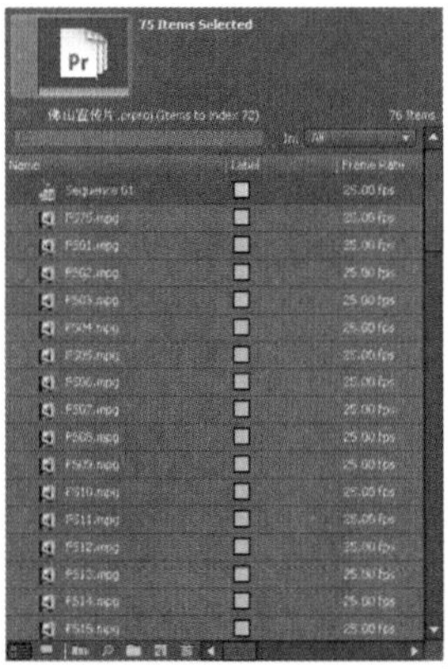

图2-6　导入素材后的项目面板[05]

🔒 **技巧**

在Project面板中，可以同时选择多个素材。单击第一个素材，按住Shift键再单击最后一个素材，可以快捷地选择区间范围内的素材。

利用素材箱有效管理素材

[07] 导入佛山宣传片素材后，选择File>New>Bin（素材箱）命令，创建素材箱[06]，如图2-7所示。

图2-7　创建素材箱

[08] 右击新建立的素材箱图标📁，在弹出的快捷菜单中，选择Rename命令重命名素材箱，如图2-8所示。

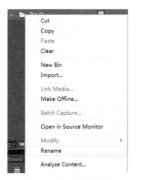

图2-8　重命名素材箱

[09] 根据之前佛山宣传片剪辑制作的思路框架，建立三个同级素材箱，分别为【敢为天下先】、【古镇都市风情】、【发展才是硬道理】，如图2-9所示。

图2-9　根据思路框架建立素材箱

10 根据素材内容把所有素材按照思路框架放进这三个素材箱中。按住Ctrl键，选中同一类素材，如图2-10所示。右击选中的其中一个素材，弹出快捷菜单，选择Cut命令，如图2-11所示。

图2-10　选中同一类素材　　图2-11　选择Cut命令

11 选择Cut命令后，之前选中的素材暂时在Project面板消失。然后，根据归类的素材箱，如【敢为天下先】，单击【敢为天下先】图标 ，选中【敢为天下先】素材箱，如图2-12所示。右击【敢为天下先】图标 ，弹出快捷菜单，选择Paste命令，如图2-13所示。

图2-12　选中素材箱　　图2-13　选择Paste命令

12 把归类的素材放进相应的素材箱，然后单击【敢为天下先】左边的三角形图标观察，可发现素材已经归类，如图2-14所示。

图2-14　素材已经归类

13 整理所有素材后，如图2-15所示。

图2-15　整理所有素材

14 选择File>Save命令，或按Ctrl+S快捷键保存项目工程，如图2-16所示。

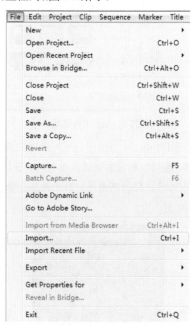

图2-16　保存项目工程

到此，Adobe Premiere Pro CS5剪辑制作的前期准备工作完成，可以进行后续的剪辑工作了。

知识点拓展

01 删除Sequence[a]

新建一个项目工程文件后，在Project面板中选择名称为Sequence01的片段素材，然后单击Project面板的底部的🗑（删除）按钮即可删除这个Sequence01的片段素材[b]，如图2-17所示。

图2-17   删除Sequence01

删除Sequence01后，Adobe Premiere Pro CS5的一些重要窗口和面板都会变成灰色[c]，如图2-18所示。

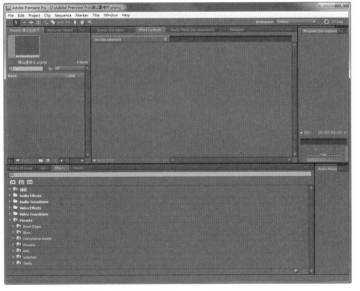

图2-18   删除默认的Sequence01后的编辑界面

02 建立新的Sequence

打开Adobe Premiere Pro CS5软件并打开或新建一个工程文件后，在Project中新建Sequence01后[d]，有如下几种方式可以调出New Sequence对话框[e]。

> **注意**
>
> [a]Adobe Premiere Pro CS5允许一个工程文件中存在制式不同的序列，这大大地提高了剪辑的灵活度。

> **经验**
>
> [b]操作时，选择需要删除的序列Sequence，然后按Del键也可进行删除操作。

> **注意**
>
> [c]在这种情况下，即使在Project面板中导入需要的素材，也是无法被编辑的。所以，在建立的Project工程文件下，Project面板中至少应有一个Sequence存在。

> **注意**
>
> [d]Adobe Premiere Pro CS5中对已创建的Sequence无法进行根本格式的修改。

模块 02 佛山宣传片——素材的导入与管理

23

第一种：可以在Project面板的底部单击  （新建）按钮，弹出快捷菜单，选择Sequence命令，如图2-19所示。

图2-19　新建Sequence01

第二种：选择File>New>Sequence命令，如图2-20所示，弹出New Sequence对话框。

图2-20　新建Sequence01

第三种：在Project面板中的空白处单击鼠标右键，选择New Item>Sequence命令，如图2-21所示，弹出New Sequence对话框。

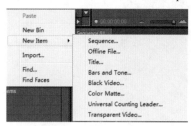

图2-21　新建Sequence01

第四种：按Ctrl+N[f]快捷键弹出New Sequence对话框。

我们可以建立多个Sequence，每个Sequence都可以修改名称。单击序列的名称，就可对序列进行重命名（可支持中文），直接按Enter键就可编辑下一序列的名称，如图2-22所示[g]。

图2-22 建立多个序列

03 导入素材的方式总结

在Adobe Premiere Pro CS5中，导入素材的方式有很多种。

第一种方式：选择File>Import命令，如图2-23所示。

第二种方式：在Project面板中的空白处单击鼠标右键，在弹出的菜单中选择Import命令，如图2-24所示，弹出Import对话框。

图2-23 选择Import命令　　　图2-24 选择Import命令

第三种方式：在Project面板中的空白处双击鼠标左键，弹出Import对话框。

第四种方式：按Ctrl+I快捷键，弹出Import对话框[h]。

04 Adobe Premiere Pro CS5支持导入的文件格式[i]

Adobe Premiere Pro CS5支持导入多种格式的音频、视频和静态图片文件，可以将同一文件夹下的静态图片文件按照文件名的数字顺序以图片序列的方式导入，每张图片都成为图片序列中的一帧。此外，它还支持一些视频项目文件格式。

> ⏰ **注意**
>
> [h]Adobe Premiere Pro CS5中默认设置下导入素材有这四种方式，但不局限于这四种方式。Adobe Premiere Pro CS5还可以通过File> keyboard Customization命令自定义绝大多数菜单的快捷键。

> ⏰ **注意**
>
> [i]Adobe Premiere Pro CS5最大支持4096×4096像素的图像和帧尺寸。*.mov格式的文件需要系统中安装QuickTime 才可以支持。导入图片序列后，默认识别为29.97帧/s，需要根据图片序列的实际帧率进行手动调整。

25

- 视频格式: Microsoft AVI 和DV AVI、Animated GIF、MOV、MPEG-1和MPEG-2（MPEG/MPE/MPG/M2V）、M2T、Sony VDU File Format Importer （DLX）、Netshow （ASF）和WMV。

- 音频格式: AIFF、AVI、Audio Waveform WAV、MP3、MPEG/MPG、QuickTime Audio（MOV）和 Windows Media Audio （WMA）。

- 静止图片和图片序列格式: Adobe Illustrator （AI）、 Adobe Photoshop （PSD）、Adobe Premiere 6.0 Title （PTL）、Adobe Title Designer（PRTL）、BMP/DIB/RLE、EPS、Filemstrip（FLM）、GIF、ICO、JPEG/JPE/JPG/JFIF、PCX、PICT/PIC/PCT、PNG、TGA/ICB/VST/VDA、TIFF。

- 视频项目格式: Adobe Premiere 6.x Library （PLB）、Adobe Premiere 6.x Project （PPJ）、Adobe Premiere 6.x Storyboard （PSQ）、Adobe Premiere Pro （PRPROJ）、Advanced Authoring Format（AAF）、After Effects Project （AEP）、Batch list （CSV/PBL/TXT/TAB）、Edit Decision List （EDL）。

05 自定义项目面板

项目面板中，素材的显示方式有两种，一种为列表显示模式，另一种为缩略图显示模式①。

单击项目面板左下方的列表显示按钮■，素材会以列表的方式显示；单击旁边的缩略图显示按钮■，素材会以缩略图的方式显示，如图2-25所示⑯。

利用项目面板左上方的缩略图浏览器可以对选中的素材进行预览，利用左侧的播放按钮和底部的滑杆，寻找出素材中最具代表性的一帧。单击左侧的照相按钮，可以更新素材的缩略图，如图2-26所示。

图2-25　项目面板中素材的两种显示方式

注意

①列表显示模式显示每个素材的具体信息，缩略图显示模式显示素材的缩略图。

经验

⑯在实际制作中，根据影片的结构，往往会利用缩略图显示模式，对素材进行最初的规划。

图2-26　改变素材缩略图

06 素材箱的运用①

素材箱可以任意更改名称，以便整理归纳不同类型的素材，更可以用二级、三级甚至更多的素材箱级别，为管理素材提供非常人性化的方式。

1. 新建素材箱

创建一个新的项目工程后，在Project面板的底部单击■（创建素材箱）按钮，在Project面板上会出现一个新建的素材箱，新素材箱的名称为Bin 01，如图2-27所示。

图2-27　新建素材箱

2. 建立二级素材箱

单击素材箱图标■选择新建立的Bin 01素材箱，再单击Project面板底部的■按钮，即可创建出一个二级素材箱Bin 02，如图2-28所示。按照这种操作，选择上一级素材箱即可在下面建立次级素材箱。

注意

①素材箱的图标类似文件夹，素材箱的功能也与文件夹的功能无异，为了与素材概念相对应，本书统一采用素材箱这一官方名称。

图2-28　建立二级素材箱

3. 建立同级别素材箱

按照选择上一级素材箱可以在下面建立次级素材箱的思路，如果需要建立同一级别的素材箱，首选需要选中同级素材箱的父级，然后单击素材箱图标 建立即可。如图2-29所示，建立与Bin 02同一级别的素材箱时，应选择Bin 02素材箱的父级Bin 01，然后单击素材箱图标 ，即会出现一个与Bin 02同级的素材箱Bin 03 [m]。

单击素材箱的名称位置（红线处），可以更改素材箱的名称，改好后直接按Enter键即可完成素材箱的重命名，如图2-30所示。

图2-29　建立同级素材箱

图2-30　重命名素材箱

⏰ 注意

[m]在利用Adobe Premiere Pro CS5剪辑制作影视作品时，如果大量的素材文件在Project面板上同级排列，管理起来并不是一件容易的事情，杂乱无章的排列在制作中往往会扰乱剪辑制作的思路。Adobe Premiere Pro CS5素材箱秉承了之前版本的功能，使用素材箱，可以将Project面板中的素材按类型或按剪辑要求有组织地区分开来，在剪辑大型影视作品时，这是非常有效的管理手段。

独立实践任务（3课时）

任务二　为家乡城市宣传片整理剪辑制作思路

任务背景

　　大学新生大宝想以宣传片的形式向同学们介绍自己的家乡城市,首先要为这个家乡城市宣传片做剪辑前的准备工作。

任务要求

　　整理家乡宣传片的剪辑制作思路。

　　根据剪辑制作思路,搜集相关素材。

　　在Adobe Premiere Pro CS5中建立家乡宣传片的项目工程。

　　按照剪辑制作思路,在Adobe Premiere Pro CS5中归纳相应素材。

　　【技术要领】新建Adobe Premiere Pro CS5的项目工程和序列,并保存。

　　【解决问题】整理剪辑制作思路,规范Adobe Premiere Pro CS5的素材管理。

　　【素材来源】无。

　　【最终效果】无。

任务分析

主要制作步骤

1. 填空题

（1）在Adobe Premiere Pro CS5中剪辑制作一个相对独立的完整作品时，新建一个Project后，至少在这个Project中需要存在一个_____，如此才能对素材进行剪辑制作。

（2）如果需要建立同一级别的素材箱，首先需要选中同级素材箱的_____，然后鼠标左键单击素材箱图标▭即可。

2. 单项选择题

（1）弹出Import对话框的默认快捷键是（　　　　）。

    A. Ctrl+I
    B. Ctrl+N

    C. Ctrl+S
    D. Ctrl+O

（2）Adobe Premiere Pro CS5最大支持（　　　　）像素的图像和帧尺寸。

    A. 2048×2048
    B. 2000×2000

    C. 4000×4000
    D. 4096×4096

3. 多项选择题

在项目面板中，素材的显示模式包括（　　　　）。

    A. 列表显示模式
    B. 幻灯片显示模式

    C. 图标显示模式
    D. 缩略图显示模式

4. 简答题

Adobe Premiere Pro CS5中素材箱的创建方式有哪几种？素材箱的主要作用是什么？

模块

爱知世博杭州宣传片
——故事板的设定

能力目标
将素材按照脚本的顺序拼接起来，独立剪辑一个没有旁白和音乐的版本

专业知识目标
1. 初识蒙太奇
2. 掌握影片语言要素的应用

软件知识目标
1. 利用图标视图设定故事板
2. 向序列自动添加素材

课时安排
6课时（讲课3课时，实践3课时）

模拟制作任务（3课时）

任务一　爱知世博杭州宣传片初剪

任务背景

爱知世博会于2005年在日本名古屋东部的丘陵举办，以"自然的智慧"为主题，呼吁保护环境、实现人与自然共存。世博会的举办日期从3月25日开始到9月25日结束，期间有121个国家、地区以及4个国际组织参展。

爱知世博会上，中国馆是最大的国外展馆之一，以"自然、城市、和谐——生活的艺术"作为主题，意在倡导自然与城市的和谐共生关系，力求探索自然与城市和谐发展的途径。

杭州作为中国12个参与爱知世博会的省市之一，于2005年3月27日至4月2日第一个代表中国走上展台，围绕中国馆主题，在爱知世博会的"城市周"活动期间推出"人文与自然的和谐，城市与环境的协调"为主题的"杭州周"系列活动。

任务要求

日本是杭州市旅游推介和招商引资的主攻方向国家，参加日本爱知世博会也是为杭州办好2006年休博会和参加2010年上海世博会提供了借鉴和积累经验的好机会。

本片在日本爱知世博会中国馆的"杭州周"播放，要求配合代表杭州特色的丝、茶、纸、水和中药等产品以及具有杭州特色的书法、国画、印石、戏剧、杂技等文化产品，充分反映杭州人文、历史、经济、文化等各个方面的发展和成就，向世界展示杭州人文与自然环境的和谐风貌。

播出平台：日本爱知世博会中国馆"杭州周"

制式：PAL

任务分析

1. 宣传片内容的思路

根据任务要求，整理宣传片剪辑制作大致的思路框架后决定用三个汉字——吉、乐、跃作为主题，将全片分成三个章节，充分传达杭州的人文、风光和经济建设等内容。

（1）吉

杭州是华夏文明的发祥地之一，曾是五代吴越国和南宋王朝两代的建都地，是我国历史文化名城和七大古都之一。通过活泼可爱的童男童女带着艳红的"吉"字穿梭于古迹之中，让这座江南古城散发出活泼欢快的气氛，充分表现杭州的人文。

（2）乐

杭州是大自然赋予的"人间天堂"，无论是阴晴显晦、雨雪雾霭等天气变化，还是春、夏、秋、冬的季节变异,她都显得十分出众,以"娇俏的容颜"予人以不同的美的感受。通过杭州的旅游形象代言人——女子十二乐坊的演奏画面穿插介绍杭州这座优美的旅游城市,充分表现杭州的风光。

(3)跃

杭州是长三角第二大经济城市,是南翼经济、金融、物流及文化中心。她精致宁静,温文尔雅,如同西湖水那样浑然天成;大气开放,自强不息,如同钱塘潮奔赴海洋之约。选择合适的画面,可以集中表现杭州的中西文化交流、城市规划、道路建设、招商引资、科技发展及人才培养等几个方面。

2. 根据思路和框架选择宣传片内容

| (1)吉 | (2)乐 | (3)跃 |

（1）吉　　　　　　　　（2）乐　　　　　　　　（3）跃

（1）吉 （2）乐 （3）跃

（2）乐　　　　　　　　　　（3）跃

本案例的重点和难点

　　应充分考虑播放的环境，作为国际交流，本片没有使用一句解说词，主要通过音乐与画面来传达主题。因此，本片对影视剪辑的要求相对较高，要充分利用镜头语言使全片达到结构严整、条例通畅、展现生动、节奏鲜明的效果，通过镜头语言增加画面的内在含义，进而增强影片的艺术感染力，完成本片的任务要求。

　　根据剪辑制作思路，在Adobe Premiere Pro CS5中，将素材按照顺序在序列中拼接起来，将主题完全通过画面镜头来表现。

【技术要领】利用图标显示的方式设定故事板，将素材导入序列中。

【解决问题】利用故事板，让素材的顺序变得有规划。

【应用领域】影视后期。

【素材来源】光盘\模块03\素材\HZ。

【最终效果】光盘\模块03\效果参考\日本世界博览会——杭州形象片.mpg。

操作步骤详解

创建并设置项目工程

01　启动Adobe Premiere Pro CS5，弹出如图3-1所示的窗口。

02　单击【New Project】按钮，弹出New Project对话框。在General选项卡的Name文本框中输入"爱知世博杭州宣传片"。Location栏显示新项目工程的存储路径，单击Location栏右边的【Browse】按钮可改变新项目工程的存储路径。这里选择"D:\pre"文件夹，单击【OK】按钮，如图3-2所示。

弹出New Sequence对话框，在Sequence Presets选项卡中单击选择DV-PAL制式中的Widescreen 48kHz；再在下面的Sequence Name文本框中确认序列名称，如图3-3所示。单击【OK】按钮，进入Adobe Premiere Pro CS5的编辑界面，如图3-4所示。

图3-1　Adobe Premiere Pro CS5的启动窗口

图3-2　新建项目工程

图3-3　新建序列

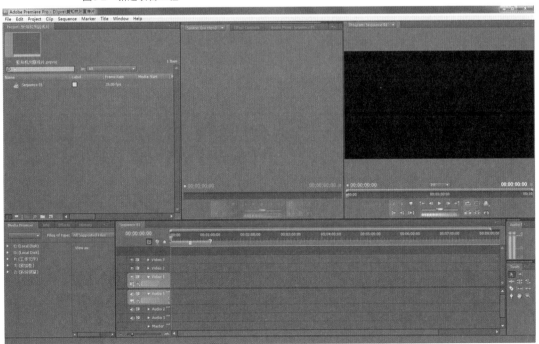

图3-4　Adobe Premiere Pro CS5的编辑界面

导入素材

04 创建好项目工程后，需要将整理好的素材导入Project面板。选择File>Import命令，弹出Import对话框。在Import对话框中，进入素材文件夹，按住Ctrl键，用鼠标选择所有杭州宣传片素材，然后单击【打开】按钮就可以将选择的所有素材导入到Project面板中，如图3-5所示。

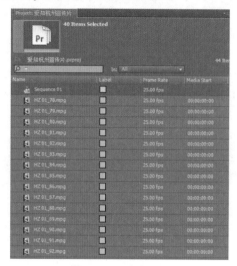

图3-5　导入所有素材

利用素材箱有效管理素材

05 导入杭州宣传片素材后，选择File>New>Bin命令创建素材箱，如图3-6所示。

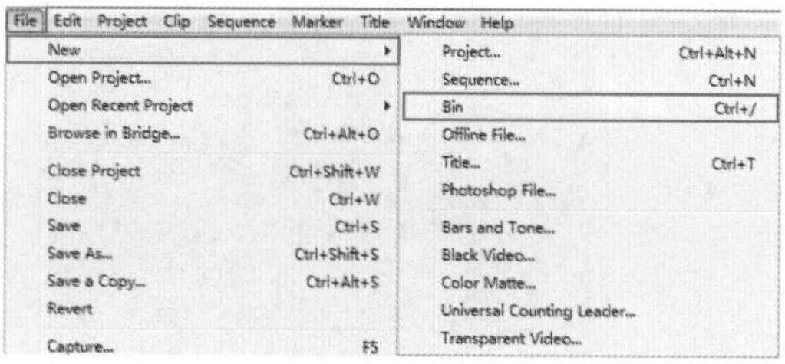

图3-6　创建素材箱

06 用鼠标右键单击新建立的文件夹图标，在弹出的快捷菜单中选择Rename命令，重命名文件夹，如图3-7所示。

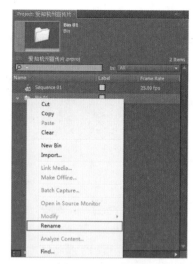

图3-7　重命名文件夹

07 根据之前杭州宣传片的剪辑制作思路和框架，建立三个同级素材箱分别为【吉】、【乐】、【跃】，并利用创建的素材箱整理所有素材，如图3-8所示。

图3-8　整理所有素材

利用项目面板图标的视图显示模式设定故事板

08 双击素材箱【吉】①，弹出新窗口，如图3-9所示。然后，单击新窗口中项目面板底部的图标视图按钮，切换到图标视图②，以缩略图的形式显示素材。如图3-10所示。

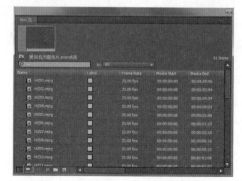

图3-9　素材整理到相应的素材箱中

图3-10 图标视图方式显示

图3-11 拖曳整理素材

09 依次选择素材箱【吉】内的素材，调整素材的缩略图。然后根据宣传片安排设计好的思路，用拖曳的方式对素材进行任意的顺序调整，从而设定出宣传片章节【吉】的故事板。在选定需要调整位置的素材后，按住鼠标左键移动鼠标拖曳素材到达目的位置，如图3-11所示。

向序列中自动添加素材

10 使用Adobe Premiere Pro CS5的"自动添加到序列"功能，快速地整合设定故事板的素材，并进行初剪。自动添加的素材在序列中还可以包含默认的转场。

11 在整理完故事板后，按快捷键Ctrl+A全选素材箱【吉】中的素材。在项目面板的下方单击【自动添加到序列】按钮，在弹出的Automate To Sequence（自动添加到序列）对话框中设置素材片段的排列顺序、添加方式和转场等选项，如图3-12所示。设置完毕后，单击【OK】按钮，所选素材便会被自动按故事板的顺序添加到序列中。

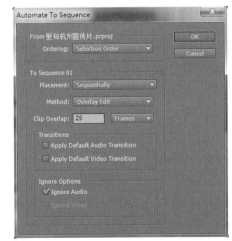

图3-12 自动添加到序列

知识点拓展

01 素材箱的操作扩展

● 双击素材箱，可以将其以浮动面板的方式打开，如图3-13所示。对于浮动面板的操作与项目面板是一致的。

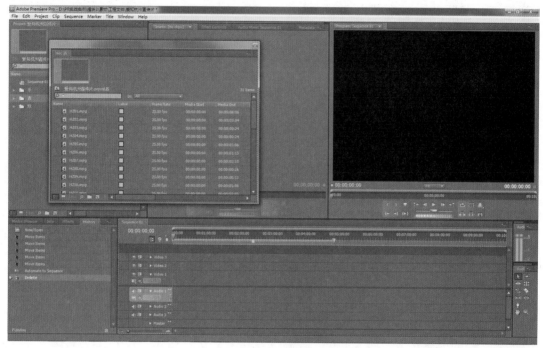

图3-13　浮动面板

● 按住Ctrl键双击素材箱，可以在当前面板中将其打开。
● 按住 Alt 键双击素材箱，可以在当前面板的新标签中将其打开[a]。

02 项目面板的两种显示方式

在项目面板中，软件提供了两种对素材的显示方式，一种为列表视图，另一种为图标视图。列表视图显示每个素材的具体信息，而图标视图仅显示素材中的一帧及其音频波形，用户可以根据需要自定义显示风格。

单击项目面板下方的列表按钮，素材将以列表的方式显示，如图3-15所示；单击项目面板下方的图标

注意

ⓐ这三种对素材箱的操作为软件的默认设置，在Preferences (首选项) 对话框General (常规) 选项卡的素材箱设置中，可以重新设置这三种操作素材箱的方式，如图3-14所示。

图3-14　自定义素材箱操作

经验

ⓐ在实际制作中，浮动面板的应用十分频繁，利用浮动面板打开素材箱，不仅可以扩展项目窗口的工作区间，还能同时观察不同层级的素材。

After Effects

Première

按钮，素材则以图标的方式显示，如图3-16所示[b]。

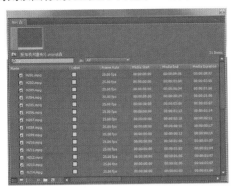

图3-15　列表显示方式

图3-16　图标显示方式

　　在列表视图中，用户可以自由选择显示所需素材的那些属性列表。在项目面板的弹出式菜单中选择Metadata Display（元素显示）命令，在弹出的编辑属性列对话框中勾选需要显示的属性，如图3-17所示；设置完毕后单击【OK】按钮，勾选的属性便会自动出现在项目面板中。如果不需要显示某项属性，重新调出编辑属性栏对话框，取消勾选某项属性即可。在项目面板中，可以通过拖曳属性列名称栏的方式更改属性显示的先后排列顺序以及列宽[c]。

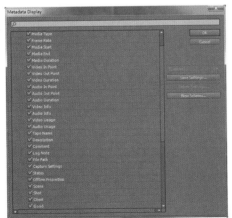

图3-17自定义显示属性

在项目面板上方的预览区域中，有一个缩略图浏览器，在该浏览器中可以预览选中素材的大体内容，并在其右侧显示出素材的基本信息。单击缩略图浏览器左侧的播放按钮 ，或拖动底部的滑杆，都可以预览整段素材。当播放或滑动到最能代表整段素材的帧画面时，单击左侧的照相按钮 ，便可以将此帧画面作为素材的缩略图显示。

使用项目面板的弹出式菜单命令View>Preview Area，可以选择是否显示预览区域。

04 新增的面部搜索。ⓒ

Premiere Pro CS5的搜索功能 ，不但能像之前版本方便查找相应的素材，还多了一个面部搜索的识别的功能。首先，在项目面板中选择所要查找对象的区间或对个别素材指定查找，单击下拉键 ，单击弹出的面部搜索条 Find Faces ，会弹出Adobe Media Encoder进行批量预渲染，以此来进行相应的关于面部Faces的查找，这样就方便了对特定需要的查找。

05 工程项目的管理ⓕ

在项目制作过程中，可能需要把原先在本机器上制作好的项目工程移动到别的机器上去制作（包括使用的素材）。为了更快捷地制作，就需要工程项目的管理。在菜单栏上单击Project中的Project Manarer命令，弹出工程项目管理界面，如图3-18所示，进行项目的工程序列的打包。

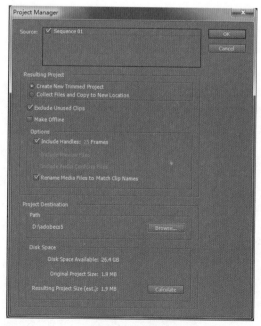

图3-18　工程管理

06 规范项目工程文件

例如，在项目《爱知世博杭州宣传片》中，工程目录在 "F盘根目录" 下建立在工程文件夹 "爱知世博杭州宣传片"。在此文件夹下，文件规范如图3-19所示，放入相对应的文件，这样规范系统，有利于项目的制作。

返修意见　　工程文件　　视屏文件　　音频文件　　最终输出

图3-19　项目文件的规范

07 Premiere同其他软件的兼容性

在Premiere Pro CS5版中，加强了与其他软件的兼容性，可以导出整个工程文件到别的剪辑软件上进行修改。选择相应的工程序列，选择File＞Export命令，展开相应选项。相对应其他软件的格式有EDL、OMF、AAF、Final Cut Pro XML，其中Final Cut Pro XML是支持苹果电脑上操作的剪辑软件。

图3-20　导出其他相应软件支持的格式

08 影视创作理论基础

1. 蒙太奇®与影视剪辑

蒙太奇是影视构成形式与构成方法的总称，是影视艺术的重要表现手段。正是因为有了蒙太奇，影视制作才从机械的记录转变成现在的创造性艺术。

蒙太奇（montage），法文，文学音乐或美术组合体的音译，原为建筑学术语，意为构成、装配。引申到电影方面，意指影片的剪辑和组合。导演或者剪辑师依照情节的发展和观众的关注程度，将一系列镜头画面及声音（包括音乐、音响等）合乎逻辑地、有节奏地连接起来，使观众得到一个明确、生动的印象或感觉，从而使他们正确地了解事情的发展。

从历史上看，剪辑是电影艺术初创时期的名称，它更多偏重于技术性，不同于现代的影视剪辑工作。那时，没有什么剪辑，只是将一整段影片胶片与另一段胶片粘接起来。因为冲洗胶片木槽的长度有限，所以胶片只能剪成一段一段的，冲洗之后，再将它们粘接起来。在这个意义上，蒙太奇只是粘接胶片的技术。

注意

⑤蒙太奇不仅包含剪接技术，还有艺术创造的意义在其中。蒙太奇现在是影视影片创作的主要叙述手段和表现手段之一。

经验

⑤凭借蒙太奇的作用，影片享有时空的极大自由，甚至可以构成与实际生活中的时间和空间并不一致的影片时间和影片空间。蒙太奇可以产生演员动作和摄影机动作之外的第三种动作，从而影响影片的节奏。

电影成为艺术的初期，剪辑是由摄影师一人完成的。到后来，随着科学技术的不断发展，电影成为一种综合艺术，才有了导演、摄影、制片等分工。上个世纪初，分镜头拍摄的出现带来了强烈的喜剧效果，也成为剪辑的起源。其后，剪辑工作逐渐专业化，并设有专业部门，由专业人员来担任和掌握剪辑工作。20世纪50～60年代，剪辑工作才逐渐成为电影生产、创作中一个独立的专业部门。

蒙太奇一般包括画面剪辑和画面合成两方面，画面剪辑是指由许多画面或图样并列或叠化形成一个统一的图画作品；画面合成是指制作这种组合方式的艺术或过程。

电影将一系列在不同地点、从不同距离和角度、以不同方法拍摄的镜头排列组合起来，叙述情节，刻画人物。但当不同的镜头组接在一起时，往往又会产生各个镜头单独存在时所不具有的含义。例如卓别林把工人群众赶进厂门的镜头与表现被驱赶的羊群的镜头组接在一起，普多夫金把春天冰河融化的镜头与工人示威游行的镜头组接在一起，就使原来的镜头表现出新的含义。爱森斯坦认为，将对列镜头组接在一起时，其效果"不是两数之和，而是两数之积"。

早在影片问世不久，美国导演，特别是格里菲斯，就注意到了影片蒙太奇的作用。后来的苏联导演库里肖夫、爱森斯坦和普多夫金等相继探讨并总结了蒙太奇的使用规律与理论，形成了蒙太奇学派，他们的有关著作对影片创作产生了深远的影响。蒙太奇原指影像与影像之间的关系，有声影片和彩色影片出现之后，在影像与声音（人声、音响、音乐）、声音与声音、彩色与彩色、光影与光影之间，蒙太奇的运用又有了更加广阔的天地。蒙太奇的名目众多，迄今尚无明确的文法规范和分类，但电影界一般倾向于分为叙事的、抒情的和理性的（包括象征的、对比的和隐喻的）三类。第二次世界大战后，法国电影理论家巴赞（Andrè Bazin, 1918－1958）对蒙太奇的作用提出异议，认为蒙太奇把导演的观点强加于观众，限制了影片的多义性；主张运用景深镜头和场面调度连续拍摄的长镜头摄制影片，认为这样才能保持剧情空间的完整性和真正的时间流程。但是蒙太奇的作用也是无法否定的，电影艺术家们始终兼用蒙太奇和长镜头的方法从事电影创作。也有人认为，长镜头实际上是利用摄影机动作和演员的调度改变镜头的范围和内容，并称之为"内部蒙太奇"。

在影片的制作中，导演按照剧本或影片的主题思想分别拍摄许多镜头，然后再按原定的创作构思把这些不同的镜头有机地、艺术地组织、剪辑在一起，使之产生连贯、对比、联想、衬托、悬念等联系以及快慢不同的节奏，从而有选择地组成一部反映一定社会生活和思想感情、为广大观众所理解和喜爱的影片，这些构成形式与构成方式，就叫蒙太奇①。

2. 影片语言要素

蒙太奇是一种符合人观察客观世界时的体验和内心映像的表现手段。作为一种表现客观世界的方法，蒙太奇重现了人们在环境中随注意力转移而依次接触影像的内心过程，以及当两个或两个以上的现象在我们面前联系起来时必然会产生的、按照一般的逻辑发生的联想活动。这种过程和活动是有规律的，蒙太奇正是依据这样一种规律，形成了能为大家理解和接受的影片艺术语言。

（1）镜头①

一部影片是由若干个移动镜头和固定镜头构成的。移动镜头是指用推、拉、摇、移等不同的拍摄方法摄取的镜头；固定镜头则按照被摄对象与摄影机之间不变的位置，因距离不同而分成特写、近景、中景、全景、大远景以及俯、仰等镜头。这些镜头只有当艺术家按照人观察生活、认识生活的逻辑来加以运用时，才有可能成为影片艺术语言的基本元素。

在日常生活中，人们的注意力，总是由于对外界事物进行观察与了解的内心要求和客观事物对我们的吸引，而不断地转换着方向和距离。这种注意力方向和距离的转换，幅度大小不同，有时只需转动眼球，有时则需扭过头去，或俯首、仰首，或全身转动，甚至要移动自己身体的位置，走近或走远。这种转换，总是在不知不觉中连续不断地进行着。这种注意力方向和距离的转换，是由人处在现实世界中，要求不断地注意和认识自己周围客观世界的一种本能和基本心理状况决定的。

人们在剧院里观看舞台上的戏剧演出时，是被迫采取了一种最不自然的观察角度①。而在日常生活中，人们不会，也不可能采取这种固定的角度去一目了然地观察被压缩在某个范围内的生活现象。即使从钥匙孔这样一个固定的观察点去看房间内的情景，人的视点也是在不断改变着的，因为不可能一下子看遍了整个房间，在每一刹那所看见的东西都只是房间内的一个部分，甚至是零星的部分而已。房间的整个形象，实际上是由我们依次看到的各个部分组成的，它不是一目了然的整体，而是一种存在于我们记忆里的蒙太奇片段。

这种蒙太奇片段的镜头运用与组接方法，又往往因观察者具有不同的心理状态而异。电影艺术家正是依据人们在不同情况下具有不同的心理状态这种特点，去安排构成影片中某些镜头的。这种直接体现主人公内心活动的主观镜头，往往能够把主人公的内心感受生动逼真地传达给观众，使观众感同身受。而在更多情况下，影片导演在叙述中把观众当做一个假想的观察者运用摄像机的镜头，并借此把观众的注意力连续不断地引向对剧情发展的各个因素⑯。

蒙太奇的原理，既然是根据日常生活中人们观察事物的经验建

经验

①镜头可以理解为影片制作中实际拍摄的最小单位。

注意

①这种不自然表现在两个方面：一是观众被固定在一个地方，观看在相当距离外的动作和景物，他既不能走近去细看演员的脸部表情或某一重要道具，又不能随着内心本能的要求去看那发生在舞台边框以及影片表演区外的事物；二是舞台的动作和景物，由于舞台范围的限制，以及为了适应于观众的固定距离，经过集中和适度的夸张，使观众不必时时抬头俯首、扭头或走动便一目了然给了剧场里的观众与现实生活中完全不同的感受。

经验

①节奏的不同，可以表现出不同的影片气氛，在后期剪辑中，剪辑师往往通过对镜头切换频率的控制，来满足相应的情节发展的需要。

技巧

⑯这种注意力的转换，与人们平常在生活中观察事物时的自然转移以及逻辑顺序是一致的。这是一种能够更深刻地揭示现实生活本质的方法。

立起来的，运用蒙太奇，就需要符合一般正常人的生活规律和思维逻辑。只有这样，影片的语言才会顺当、合理，才能为观众理解。

(2) 节奏①

日常生活中，人们的注意力因被周围的活动经常地、本能地吸引着而不断地自然转移。但这种转移，并不是经常以同等速度进行的。当一个人怀着平静的心境观察周围活动时，注意力的转移是以十分缓慢悠闲的速度进行的；但如果他观察或亲自参与某件非常激动人心和变动极快的活动，其反应的节奏就会大大加速。这就是蒙太奇节奏的心理学依据。

一般来说，用切换镜头的频率比较高的方式表现一个安静的场面，会造成突兀的效果，使观众觉得跳动太快；但在使观众激动的场面中，把切换的速度加快，便能适应观众快节奏的心理要求，从而加强影片对观众的感染力。如表现车祸，一位旁观者在这种突发事件中有一种急于了解事件进程的内心要求，导演将精选的各个片段以短促的节奏剪接在一起，便可适应观众的内心节奏，这种蒙太奇节奏就是恰如其分的。

节奏活动的形式跟各种生理过程，如心脏的跳动、呼吸等都有关系，而构成影片节奏的基础是情节发展的强度和速度，特别是人物内心动作的强度和速度尤其重要。节奏取决于各个镜头的相对长度，而每个镜头的长度又有机地取决于该镜头的内容。

蒙太奇的独特节奏可以表达情绪，但却不能仅仅靠蒙太奇的速度影响观众的情绪。蒙太奇的速度是由场面的情绪和内容决定的，只有使剪接的速度同场面的内容相适应，才能使速度的变换流畅，使影片的节奏鲜明。

(3) 联想与概括

影片蒙太奇的思想力量在于把两个镜头接在一起能使观众在两组信息之间进行多种多样的对比、联想和概括。

比如，把如下A、B、C三个镜头以不同的次序连接起来，就会体现不同的内容与意义。

A、一个人在笑；B、一把手枪直指着；C、同一个人脸上露出惊惧的样子。这三个特写镜头，能给观众什么样的印象呢？

如果依A—B—C次序连接，会使观众感到那个人物是个懦夫、胆小鬼。现在，镜头不变，只把上述的镜头的顺序改变一下，便会得出与此相反的结论。依C—B—A的次序连接，这个人的脸上露出了惊惧的样子，是因为有一把手枪指着他；当他考虑了一下，觉得没有什么了不起，于是他笑了——在死神面前笑了，因此，他给观众的印象就是一个勇敢的人⑪。

这种连贯起来的组织不同排列，运用的就是电影艺术独特的蒙太奇手段，也是影片的结构问题。从上面的例子，可以看出这种排列

注意

① 一部影片的节奏，是由影片本身的内容，或者说是内容特点决定的。影片的内容是节奏选择的判断标准和主要依据，是节奏选择的首要因素，不同特点的内容会产生不同的节奏。

节奏大致可分为内部节奏与外部节奏，内部节奏也称为心理节奏，例如知觉的感受、记忆的再现、丰富的联想、逻辑的思维都是为了理解客观事物的性质和规律而产生的心理活动。这类心理活动所产生的节奏是有共性的。例如音乐的旋律按节拍分2拍、3拍、4拍几个小节，叙事类影片剪辑中使用的镜头以及镜头的长度和剪辑点跟音乐的节拍一样，音乐通过音乐编辑剪辑，音画合成后节奏点吻合，便是心理活动所产生的节奏的共性。

外部节奏主要受影片的整体内容结构控制。

经验

⑪ 进一步理解蒙太奇，可以从物理学上的一个现象得到极大启发。众所周知，炭和金刚石这两种物质就其分子组成来讲是相同的，但一个是出奇的松脆，一个则无比坚硬。科学家研究的结果证明这是因为分子排列（品格结构）不同而造成的。这就是说，同样的材料，由于分子排列不同，可以产生如此截然相反的结果。

和组合结构的重要性。把材料组织在一起表达了影片的思想。同时，由于排列组合的不同，也就产生了正反、深浅、强弱等不同的艺术效果。

如此这样，改变一个场面中镜头的次序，而不用改变每个镜头本身，就可以完全改变一个场面的意义，得出与之截然相反的结论，得到完全不同的效果。

苏联电影大师爱森斯坦认为，A镜头加B镜头，不是A和B两个镜头的简单结合，而会成为C镜头的崭新内容和概念。他明确地指出："两个蒙太奇镜头的对列不是二数之和，而更像二数之积——这一事实，以前是正确的，今天看来仍然是正确的。它之所以更像二数之积而不是二数之和，就在于对排列的结果在质上（用数学术语讲，那就是在'次元'上）永远有别于各个单独的组成因素。再例如，妇人——这是一个画面，妇人身上的丧服——这也是一个画面，这两个画面都是可以用实物表现出来的，而由这两个画面的对列所产生的'寡妇'，则已经不是用实物所能表现出来的东西了，而是一种新的表象、新的概念、新的形象。"

由此可见，运用蒙太奇手法可以使镜头的衔接产生新的意义，这就大大地丰富了电影艺术的表现力，从而增强了电影艺术的感染力。⑪

匈牙利电影理论家贝拉·巴拉兹也同样指出："上一个镜头一经连接，原来潜在于各个镜头里的异常丰富的含义便像电火花似地发射出来。"可见这种"电火花"似的含义是单个镜头所"潜在"的、人们所未察觉的，只有在"组接"之后才能让人们产生一种新的、特殊的想象。现代意义的蒙太奇，首先是指这种镜头与镜头的组接关系，也包括时间和空间、音响和画面、画面和色彩等相互间的组合关系以及由这些组接关系所产生的意义与作用等。◎

3. 蒙太奇的分类和表现形式⑫

目前，在影视节目制作中，常用的蒙太奇表现形式大致可以分为平行式蒙太奇、对比式蒙太奇、交叉式蒙太奇、复现式蒙太奇、积累式蒙太奇、叫板式蒙太奇、联想式蒙太奇、隐喻式蒙太奇、错觉式蒙太奇、扩大与集中式蒙太奇和叙述与倒叙式蒙太奇等。

（1）平行式蒙太奇

这是一种很古老的蒙太奇表现形式。在影片故事发展中，两件或三件内容性质相同，而表现形式不尽相

注意

⑪一部影片的原始素材，经过剪辑师认真、细致地剪辑，会使影片主题突出、内容清晰、节奏张弛有度，从而增强影片的艺术表现力和感染力，以满足观众的审美需求。

技巧

◎引用前人最深入浅出、通俗易懂地对蒙太奇的说明与阐述："蒙太奇就是影片的连接方法，整部片子有结构，每一章、每一大段、每一小段也要有结构，在电影上，把这种连接的方法叫做蒙太奇。实际上也就是将一个个镜头组成一个段，再把一个个小段组成一大段，再把一个个大段组织成为一部电影，这中间并没有什么神秘，也没有什么诀窍，合乎理性和感性的逻辑，合乎生活和视觉的逻辑，看上去顺当、合理、有节奏感、舒服，这就是高明的蒙太奇，反之，就是不高明的蒙太奇。"

经验

⑫在蒙太奇的分类上，究竟有多少种不同的蒙太奇，蒙太奇应该如何来分类，迄今为止并没有统一的说法。爱森斯坦、贝拉、爱因汉姆等都有不同的蒙太奇分类法，有多达36种的，但也有人认为过分烦琐的分类是徒劳无功的。艺术手段千变万化，不能将之归纳成若干文法规范，因为随时都会有艺术家创造出新的手法。因此，马尔丹最后将蒙太奇归纳为三类，即叙事的蒙太奇、思维的蒙太奇和节奏的蒙太奇。

当代法国电影理论家让·米特里认为："蒙太奇的初衷只是抓住观众的注意力，使之集中在被表现的食物上，首先是通过情节本身，通过情节所要求的生动的叙事来表达含义，其次是抒情，绘声绘色地抒发，墨酣情切地渲染。综述，不妨把蒙太奇归结为叙事的、抒情的和理性的三大类，而在这三者之间，并无不可逾越的鸿沟。往往是在叙述的同时，也抒发了感情，或者传达了作者的思想。"

同的事同时异地并列进行，而又互相呼应，相互联系，这种方式就是平行式蒙太奇。

（2）对比式蒙太奇

类似富与穷、强与弱、文明与粗暴、伟大与渺小、进步与落后等的对比在影片中是常见的。对比式蒙太奇也是一种很古老的蒙太奇的形式，早在19世纪电影的先驱者就开始运用了。

（3）交叉式蒙太奇

这种剪辑方法，是把同一时间在不同空间发生的两种动作交叉剪接，进而构成紧张的气氛和强烈的节奏感，造成惊险的戏剧效果。

（4）复现式蒙太奇

从内容到性质完全一致的镜头画面反复出现，叫做复现式蒙太奇。这种蒙太奇一般会在剧情发展的关键时刻出现，意在加强影片的主题思想或表现不同历史时期的转折。但反复出现的镜头，必须在关键人物的动作线上，只有这样才能突出主题，感染观众。

（5）积累式蒙太奇

把性质相同而主题形象相异的画面，按照动作和造型特征的不同，用不同的长度，剪接成一组具有紧张气氛和强烈节奏的蒙太奇片段。

（6）叫板式蒙太奇

在故事影片中能承上启下，上下呼应，而且节奏明快，如同京剧中的叫板。

（7）联想式蒙太奇

将内容决然不同的一些镜头画面连续组接起来，造成一种意义，使人们去推测这个意义的本质。这种剪辑方法即联想式蒙太奇。

（8）隐喻式蒙太奇

按照剧情的发展和情节的需要，利用景物镜头来直接说明影片主题和任务思想活动。这种构成方式就是隐喻式蒙太奇。

（9）错觉式蒙太奇

这种构成方式，首先故意让观众猜想到情节的必然发展，但在关键时刻忽然来一个反转，下边接上的镜头不是人们预料中的。

（10）扩大与集中式蒙太奇

从特写逐渐扩大到远景，使观众从细部看到整体，造成一种特定的气氛，这就是扩大式蒙太奇。由远景逐渐近到细部特写，这就是集中式蒙太奇。

（11）叙述与倒叙式蒙太奇

这种剪辑方法用于叙述过去经历的事件和对未来的想象。例如影片中常用的叠印、回忆、幻想、梦境及想象等出现过去与未来的景象的画面。

独立实践任务（3课时）

任务二　为家乡城市宣传片设定故事板

任务背景

大学新生大宝想以宣传片的形式向同学们介绍自己的家乡城市,依照整理好的家乡宣传片的剪辑制作思路,利用Adobe Premiere Pro CS5设定故事板。

任务要求

在Adobe Premiere Pro CS5中打开模块02保存的家乡宣传片的项目工程。

按照剪辑制作思路,在Adobe Premiere Pro CS5中设定故事板。

利用【自动添加序列】按钮将规划好顺序的素材添加至序列中。

【技术要领】设定故事板,自动添加序列。

【解决问题】利用Adobe Premiere Pro CS5的图表显示方式设定故事板,并将素材添加至序列中。

【素材来源】无。

【最终效果】无。

任务分析

任务分析

1. 填空题

（1）在Adobe Premiere Pro CS5的项目面板中提供了两种素材显示的方式，一种为＿＿＿＿＿＿，另一种为＿＿＿＿＿＿。

（2）在素材箱的操作中，软件默认设置按住＿＿＿＿＿＿键双击素材箱，可以在当前面板的新标签中将其打开。

2. 单项选择题

（1）下列（　　　）不是影片语言的要素。

    A. 镜头　　　　　　　　　　　　B. 节奏

    C. 联想与概括　　　　　　　　　D. 蒙太奇

（2）（　　　　　）是把同一时间、不同空间发生的两种动作交叉剪接，进而构成紧张的气氛和强烈的节奏感，造成惊险的戏剧效果。

A. 积累式蒙太奇　　　　　　　　B. 叫板式蒙太奇

C. 交叉式蒙太奇　　　　　　　　D. 复现式蒙太奇

3. 多项选择题

在项目面板中，素材的显示模式包括（　　　　）。

A. 列表显示模式　　　　　　　　B. 幻灯片显示模式

C. 图标显示模式　　　　　　　　D. 缩略图显示模式

4. 简答题

观赏爱知世博杭州宣传片，分析该宣传片用了哪些蒙太奇方式，这些蒙太奇对宣传片产生了怎样的影响？

模块

都锦生广告片
——影视剪辑中的景别

能力目标

1. 能够将景别的变化熟练地运用于影视剪辑之中
2. 各种景别具体使用的意义

专业知识目标

1. 了解每种景别的具体含义
2. 掌握不同景别在情绪感染力和节奏方面的不同

软件知识目标

1. 利用Adobe Premiere Pro CS5剪辑的基本方法
2. 剪辑中景别的应用

课时安排

6课时（讲课3课时，实践3课时）

任务参考效果图

模拟制作任务（3课时）

任务一　影片剪辑中景别的应用

任务背景

　　"都锦生"是一条电视广告片，给人的总体印象是：杭州的，老字号，生产织锦。其实在业内，她的产品影响力远远超出我们的想象：都锦生被称为"东方丝魂"，目前已发展成为中国最大的丝织工艺品生产出口企业，是国家级外事接待单位，也是杭州市国际旅游访问点之一；都锦生织锦现已被浙江省人民政府列入了第一批浙江省非物质文化遗产代表作名录。

　　与她的高知名度相比，她在零售渠道的消费者心中的接受度，仍然有所不及，人们往往把她归为高档织锦礼品，却忽略了她丰富的多元产品。广告片中要着重体现它的床上用品，这一点是客户特别强调的。目前市场上的床上用品企业乱花迷人眼，广告也是五花八门，因此，企业发展的需要和市场竞争的压力将本广告片的制作提上议事日程。

任务要求

　　按都锦生企业的要求，以床上用品和睡衣为主线，做一个电视广告，根据播放费用的不同可以制作两个版本供客户挑选，即15s和30s两个版本，主要强调品质生活和高档享受。

　　在画面剪辑方面，注重画面语言、景别的应用，进而良好体现主旨。

　　播出平台：多媒体、央视及地方电视台

　　制式：PAL

任务分析

　　广告片中，突破传统的功能诉求，强调她的精致与奢华。这是一种来源于大都市的情感，她将依据自己的高端产品介入高端市场，从而形成新的增长点，最终达到高端市场的控制能力，进而将她的影响力转变为广泛的美誉度。

　　基于这样的出发点，我们开始定位目标群体，对于床上用品而言，都市的年轻一族，尤其年轻女性构成了主力人群；同时，床上用品作为耐用消费品，人每天都要和她亲密相处，再加上相对较高的价格，这些都会使人们在购买时反复权衡。然而有一点是不变的，那就是在婚庆嫁娶、乔迁新居时，人们都会升腾起购买欲望；对于时下的小资一派，更是如此，她们注重生活品质，喜欢追求生活细节，都反映在对具体产品的态度上，形式、细节、感性的成分往往大于产品本身。

　　因此，在片中，我们将以清新、梦幻、奢华的风格感染、影响和打动城市年轻族消费者的心，力图使他们对"都锦生"品牌产品产生认同感和归属感，打消购买的心理障碍。

1. 广告片大意

　　乔迁新居的女主人公甜蜜地进入梦乡，她梦见自己成了一名新娘，一位风度翩翩的新郎走到她面前，轻抚着她的脸颊；他们在爱的花环下起舞，当他们要互相亲吻时，清风吹醒了她的梦，一切似真亦幻，片尾的那一朵落花，像是印证了那场梦的真实，那是都锦生带给她的轻柔舒适和奢华美梦。

2. 画面表现

镜头一：夜晚，女孩在房内入睡。

镜头二：女孩熟睡的脸庞特写，被单上的繁花慢慢长出被面。

镜头三：一只手轻抚女孩的脸庞。

镜头四：女孩睁眼。

镜头五：女孩微笑着将手递给那个人。

镜头六：女孩被拉起，她的睡衣瞬间变成了结婚礼服，他们置身于户外婚礼的场景中。

镜头七：新郎与新娘执手起舞。

镜头八：新郎捧着女孩脸部的特写，他们将接吻。

镜头九：女孩惊醒，原来那是一场梦。

镜头十：女孩坐起，发现飘落床单上的一朵牡丹。

镜头十一：女孩微笑的特写。

镜头十二：女孩轻抚都锦生床上用品的特写，出落版。

3. 解说词

一次新的主张

让我陷入期待已久的偶遇

一场世纪的婚礼

揭开爱情的最新章回

Modern

走得出梦境，走不出你的温柔

4. 广告语

锦绣百年，都锦生。

分镜头剧本如图4-1、4-2、4-3所示。

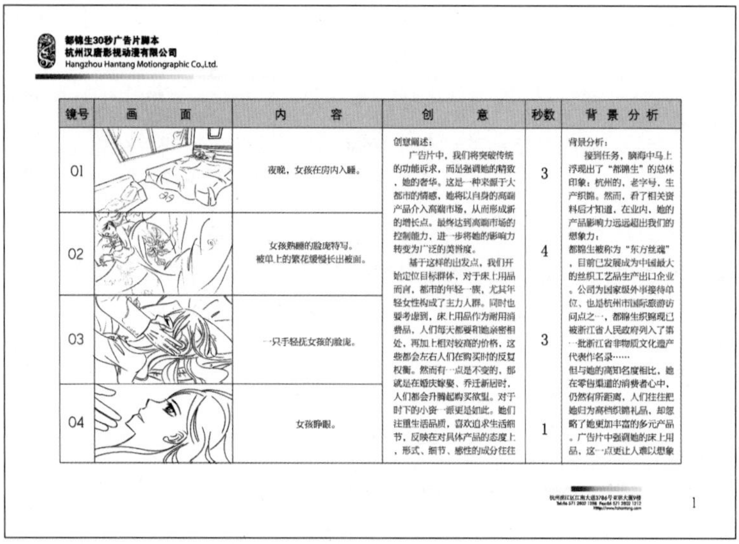

图4-1 都锦生广告片分镜脚本1

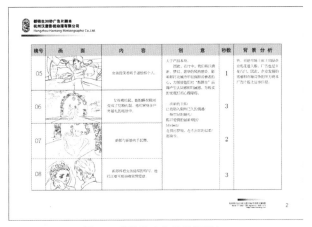

图4-2　都锦生广告片分镜脚本2

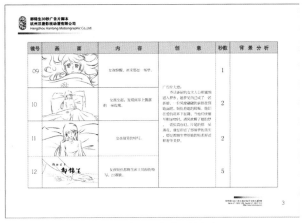

图4-3　都锦生广告片分镜脚本3

　　分镜可作为拍摄和剪辑的依据,但是在实际影片创作中,最后的剪辑效果和分镜会有不同程度的出入,不过总体的艺术效果与需要表达的主题是不会改变的。

　　在剪辑中会发现,都锦生广告片最后的成片与分镜之间是有出入的,这些出入是根据拍摄、后期制作的实际情况与导演现场想法的改变而变化的。

→ 本案例的重点和难点

　　如何挑选素材。

　　把握广告片的时间以及每个镜头的时间控制。

　　每个镜头运用怎样的景别来说明画面表达的主旨内容。

　　如何达到画面组接后的整体流畅。

【技术要领】了解镜头剪辑的基本原理,熟知景别的运用与画面组接的关系。

【解决问题】深化理解画面组接的基本原理与景别的应用原理。

【应用领域】影视后期。

【素材来源】光盘\模块04\素材\都锦生。

【最终效果】光盘\模块04\效果参考\都锦生.avi。

新建工程文件并导入素材

01 启动Adobe Premiere Pro CS5，如图4-4所示。在欢迎页面对话框单击【New Project】按钮，弹出New Project Settings对话框，将Name设置为"都锦生"；因为都锦生是利用高清摄像机进行拍摄的，所以将Capture设定为HDV；在Location下拉列表中选择存放项目目录的地址，本例中将项目存放在D:\pre；其余选项设置为默认，设置完成之后单击【OK】按钮，如图4-5所示。

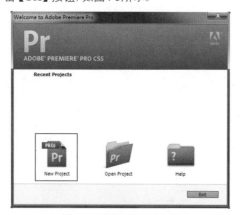

图4-4 新建项目工程文件

图4-5 设置项目工程文件参数

02 进入New Sequence设置页面①，单击DV-PAL文件夹左边的小三角，展开DV-PAL文件夹对话框，选择Standard 48kHz模式；在Sequence

Name选项框中为时间线命名，本例将Sequence命名为"都锦生"；如图4-6所示。然后单击【OK】按钮进入Adobe Premiere Pro CS5操作界面。

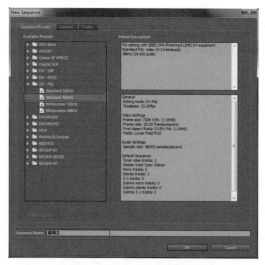

图4-6 New Sequence设置页面

03 选择File>Import命令，弹出Import File对话框，选择"模块04\素材"目录下的素材文件silk05（光盘中提供），将此文件夹下的图片序列格式的素材导入至Premiere软件中。导入图片序列时必须勾选Import窗口下方的Numbered Stills复选框，如图4-7所示，单击【打开】按钮即可将序列导入至Adobe Premiere Pro CS5中。

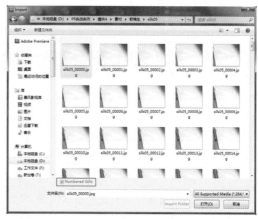

图4-7 导入silk05图片序列

04 和上述操作方法一致，将"模块04\素材"下所有文件夹中的图片序列文件导入至Adobe Premiere Pro CS5中，如图4-8所示。

图4-8 将所有素材导入至Project面板

05 选择File>Import命令，弹出Import File对话框，选择"模块04\素材"目录下的素材文件"djs.

wav"（光盘中提供），如图4-9所示，将此音频文件素材导入至Adobe Premiere Pro CS5软件中。

图4-9 导入音频素材

06 将所有的素材导入Adobe Premiere Pro CS5软件中后，首先将音频素材拖曳到时间线音频轨道中，如图4-10所示。

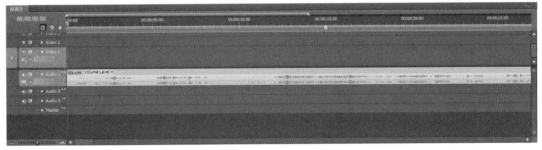

图4-10 导入音频至Audio音频轨道

画面剪辑

07 按照分镜头剧本主题的基本要求将silk02素材拖曳到Vedio1视频轨道中，作为广告的第一个镜头，并对其进行剪辑处理；根据音乐节奏与画面美感的需要将素材的出点设置至4秒07帧处[02]，如图4-11所示。

图4-11 silk02素材剪辑

08 按照分镜头剧本主题的基本要求将"丝绸摇01"素材拖曳到Vedio1视频轨道当中，作为广告的第二个镜头，并对其进行剪辑处理；"丝绸摇01"素材的入点位置不变，将出点设置为3秒05帧处，如图4-12所示；并将其入点紧靠上个镜头的出点位置，如图4-13所示。

图4-12 "丝绸摇01"素材剪辑

图4-13 将"丝绸摇01"素材入点紧靠上个镜头的出点
位置

09 按照分镜头剧本主题的基本要求将silk05素材拖曳到Vedio1视频轨道中,作为广告的第三个镜头,并对其进行剪辑处理,silk05素材入点位置设置为2秒07帧处,出点设置为4秒12帧处,如图4-14所示;并将其入点紧靠上个镜头的出点位置,如图4-15所示。

图4-14 silk05素材剪辑

图4-15 将silk05素材入点紧靠上个镜头的出点位置

10 按照分镜头剧本主题的基本要求将silk_bluescreen012素材拖曳到Vedio1视频轨道中,作为广告的第四个镜头,并对其进行剪辑处理,silk_bluescreen012素材的入点位置不变,出点设置为2秒21帧处,如图4-16所示。

图4-16 silk_bluescreen012素材剪辑

11 如果浏览素材时发现素材的内容播放速度过快,不符合音乐的节奏,可将素材的播放速度设置为之前的60%。在时间线silk_bluescreen012素材上单击鼠标右键,在弹出的素材控制菜单中,选择Speed/Duration命令,如图4-17所示。

图4-17 选择Speed/Duration命令

12 选择Speed/Duration命令后,打开Clip Speed/Duration窗口,将Speed复选框数值设置为60%,如图4-18所示;并将其入点紧靠上个镜头的出点位置,如图4-19所示。

图4-18 Clip Speed/Duration窗口设置

图4-19 将silk_bluescreen012素材入点紧靠上个镜头的
出点位置

13 按照分镜头剧本主题的基本要求将"花瓣落03"素材拖曳到Vedio1视频轨道中,作为广告的第五个镜头，并对其进行剪辑处理；"花瓣落 03"素材的入点设置为5秒03帧处，出点设置为6秒22帧处，如图4-20所示；并将其入点紧靠上个镜头的出点位置，如图4-21所示。

图4-20　"花瓣落03"素材剪辑

图4-21　将"花瓣落03"素材入点紧靠上个镜头的出点位置

14 按照分镜头剧本主题的基本要求将"花瓣落02"素材拖曳到Vedio1视频轨道中，作为广告的第六个镜头，并对其进行剪辑处理；"花瓣落 02"素材的入点位置设置为1秒24帧处，出点设置为4秒10帧处，如图4-22所示；并将其入点紧靠上个镜头的出点位置，如图4-23所示。

图4-22　"花瓣落02"素材剪辑

图4-23　将"花瓣落02"素材入点紧靠上个镜头的出点位置

15 按照分镜头剧本主题的基本要求将"花瓣落end02"素材拖曳到Vedio1视频轨道中，作为广告的第七个镜头，并对其进行剪辑处理；"花瓣落end02"素材的入点位置不变，出点设置为0秒20帧处，如图4-24所示。

图4-24　"花瓣落end02"素材剪辑

16 如果浏览素材时发现素材内容播放的速度过快，不符合音乐的节奏，可利用设置第四个镜头相同的方法将素材的播放速度设置为之前的60%。调整完画面速度后将该素材入点紧靠上个镜头的出点位置，如图4-25所示。

图4-25　将"花瓣落end02"素材入点紧靠上个镜头的出点位置

17 按照分镜头剧本主题的基本要求将"silk睁眼看花"素材拖曳到Vedio1视频轨道中，作为广告的第八个镜头，并对其进行剪辑处理；"silk睁眼看花"素材的入点位置设置为2秒02帧，出点设置为3秒15帧处，如图4-26所示。

图4-26　"silk睁眼看花"素材剪辑

18 如果浏览素材时发现素材内容播放的速度过快，不符合音乐的节奏，可利用设置第四个镜头相同的方法将素材的播放速度设置为之前的60%。调整完画面速度后将该素材入点紧靠上个镜头的出点位置，如图4-27所示。

图4-27　将"silk睁眼看花"素材入点紧靠上个镜头的出点位置

19 广告的落幅需要在Adobe After Effects CS5中进行制作，在这里就不作过多介绍。

通过以上的操作，将都锦生广告片拍摄的素材根据预先做好的分镜头剧本进行重新排列与组接，片子的雏形就基本展现出来了。但是还是达不到在电视上播放的要求，原因在于在剪辑完成之后还需要对画面的色彩、特效进行调整。这些工作需要借助After Effects CS5进行处理。

知识点拓展

01 新建项目自定义设置

新建项目设置中，在DV-PAL文件夹对话框中选择的是Standard 48kHz模式，选择这个视频模式的原因是因为中国使用的是DV-PAL制的电视制式。在New Sequence对话框中，还可以选择AVCHD、DV-24P、DV-NTSC[a]、DV-PAL[b]、DVCPRO50、DVCPROHD、HDV[c]、Mobile&Devices[d]、XDCAM EX、XDCAM HD各种不同的格式配合于不同的素材格式。只有在新建项目时对素材基本制式设置正确，在之后的制作中才能符合行业标准，才能制作出能在相应媒介上进行播放的影片，如图4-28所示。

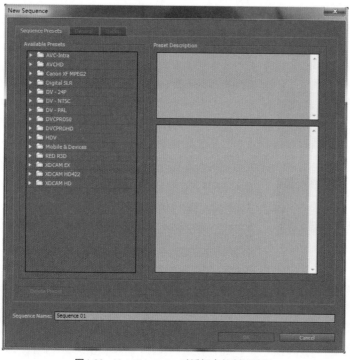

图4-28　New Sequence对话框中的制式选择

有时还会遇到这样的情况，一些格式要求并不在上面提到的这些预设值中，这时就需要对一些制式做自定义处理。在New Sequence对话框中单击上方的General标签，将Editing Mode选项卡调整为Desktop（自定义项目设置），这样就可以对所有视频参数进行调整，并且可以根据自己的需要对视频预设值参数进行自定义设置，如图4-29所示。

经验

[a]DV-NTSC制式是美国、日本两个国家比较常用的一种电视制式，主要参数为30帧／秒，画面分辨率为720×480。

经验

[b]DV-PAL制式是中国和法国常用的一种电视制式，主要参数为25帧／秒，画面分辨率为720×576。

经验

[c]HDV是高清格式，分辨率设置为1920×1080。高清格式是今后视频制作的一个趋势，我国将慢慢从标清时代转变到高清时代。

经验

[d]Mobile&devices是输出给移动设备的一种模式。通过这种制式制作的视频可以在手机、移动电视等平台上进行播放。这种模式也是现在的流行趋势。

After Effects

Premiere

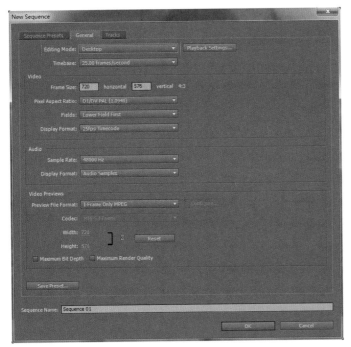

图4-29　New Sequence对话框自定义设置

02　景别

剪辑的含义是将原有的素材和视频画面重新进行排列组合。每段素材应该放置在画面的哪个时间位置,这段素材后面应该紧跟着哪段素材,这些是剪辑中最难也是最重要的部分。在剪辑时,对于画面的选择和组接有很多依据,而景别的选择就是其中很重要的一个因素。

1. 景别的定义

景别是指被摄主体和画面形象在电视屏幕框架结构中所呈现出的大小和范围。景别的取决因素有两个方面:一是摄像机和被摄体之间的实际距离,二是所使用摄像机镜头焦距的长短。摄像机与被摄主体之间相对距离的变化,以及摄像机在一定位置改变镜头焦距,都可以引起画面上景物大小的变化。这种画面上景物大小的变化所引起的不同取景范围,即构成景别的变化。

2. 景别的意义

景别的意义大致分为如下四点。

(1) 景别是视觉语言的一种基本表达形式。

根据对人的视觉心理的考察,当我们在屏幕上看到任何一个画面时,最初第一时间内的视觉所发生的第一反应就是感受画面的景别形式,也就是先辨别出这幅画面是一个什么样景别的画面,其次才会从这种画面形式范围进入到对画面内容、构成结构、造型元素等的观察、接受、感知和理解分析[c]。

> **经验**
>
> [c]实景拍摄的素材都是二维的,通过景别的变化可以交代环境内容,也能做到介绍屏幕内三维空间的效果。

（2）景别是画面空间的表达形式。

作为电视画面最根本的任务之一就是要在二维平面上表现三维空间，而景别就是一种对画面空间表达的描绘与再现。从一个景别所包含的画面内容和多个景别交替变化排列中，我们都可以看到相应的画面空间，并想象现实空间的形式，产生空间感觉，在头脑中形成一个三维的视觉概念，进而对视觉心理产生相应的影响。比如当观众观察到屏幕上的远景全景系列画面时，可以体会到画面空间的宽广和包容，这样视觉感受上的遥远感在他们心理上就会产生距离感、旁观感、非参与性；而当看到的屏幕形象是近景特写系列的画面时，又会感受到画面空间的狭小和非具体性，这样视觉感受上的接近感在他们心理上就会产生亲近感、渗透感、参与性。

（3）景别是导演和摄像师对观众视觉心理的限定①。

在观众观看舞台剧或者其他现场节目，或者参考现场节目时，由于观众视觉选择是自主的，在他们眼里是没有"景别"这个概念的。他们可以自由选择试图观察的对象，不受任何局限，但是在电视画面中不是这样的。导演和摄像师通过不同景别画面的接续进行叙事和抒情，呈现给观众的电视画面次序是确定的；景别是由创作人员设计安排和选择的，是不受观众控制和主观意愿约束的，他们没有选择的权利。

（4）景别是画面造型的重要手段，是形成画面节奏变化的方式⑧。

观众在观看一组电视画面时，可以很直观地感受到画面所要表达的情感，或者委婉抒情，或者急切紧张，或者朴实大方……这些在很大程度上都是创作者通过景别的变化加以表现的。单个画面根据作品的需要选择相应的景别来表达拍摄者的思想，或者大远景，或者特写，从而表达出不同的创作意图。当一组连续的画面相互衔接时，表达的内容则更加丰富多彩，创作者可以通过景别的变化实现画面节奏的变化，引导观众紧紧跟随创作者的思路，使拍摄内容更具吸引力，也给拍摄者提供更大的创作空间。要拍摄一个好的作品，在景别的处理上更要仔细推敲。

3. 景别的划分

景别表现的是被摄对象在画框内所呈现的范围大小。这种范围的大小受到两个方面因素的影响，即拍摄距离和镜头焦距。在其他拍摄条件不变的前提下，当被摄对象处于距离摄像机较远的位置时，所得到的画面范围较大，而被摄对象的尺寸相对较小，细节不显著，景别较大；而当被摄对象处于距离摄像机较近的位置时，所得到的画面范围较小，被摄对象的尺寸相对较大，景别较小⑪。

在拍摄距离（物距）不变的条件下，我们也可以利用摄像机的变焦距镜头实现画面的景别变化。变焦距镜头是现代摄像机中广泛采用的镜头，它可以实现成像的焦距在几毫米至一二百毫米之间的连续变化，从而实现成像放大率的变化，影响景别。由于焦距短成像放大率小，而焦距长则成像放大率大，所以利用短焦距拍摄的画面中景物呈现的范围较大，而利用长焦距拍摄的画面中景物呈现的范围较小，所以焦距越短，画面景别越大；而焦距越长，画面景别越小。当焦距连续变化时，将形成画面景别的连续变化，实现运动画面的推和拉。

正如上面所述，景别之间是连续变化的，而不是阶进变化的，所以在理论上景别的划分并没有十分严格意义上的科学概念和理论定义。由于在不同场合的使用方法不同，它只是具有一般的语意含义和创作表达。

在通常情况下，我们在拍摄中按照以被摄主体（人物）在画幅中被画框所截取部分的多少或被摄主体（景物）在画框中所占据画幅面积比例的大小作为景别划分的依据。需要特别指出的是，我们对画面景别的划分只是对拍摄主体在画框中所呈现的范围的一种综合表述，在理论和实践上也只有相对划分，而无绝对划分。

景别大致分为远景、全景、中景、近景和特写，如果分得更细致一些，可分为大远景、远景、大全景、全景、中景、中近景、近景和特写。不同的景别有不同的功能，每个景别的镜头存在的画面时间也是不一样的[1]。

（1）远景是视距最远的景别[1]。它视野广阔，景深悠远，主要表现远距离的人物和周围广阔的自然环境和气氛，内容的中心往往不明显。远景以环境为主，可以没有人物，即使有人物也仅占很小的部分。它的作用是展示巨大的空间，介绍环境，展现事物的规模和气势。拍摄者也可以用它来抒发自己的情感，例如《钱江新城》的电视宣传片中运用的就是远景。远处斜阳灿烂，映衬着雷峰塔和西湖的美景，真正体现出"雷峰夕照"这杭州著名的自然景观远景，有利于展示宏大的场面，引发一种豪迈的情感，如图4-30所示。

图4-30 "雷峰夕照"远景

远景在画面中有如下作用：

● 展示巨大空间。

经验

⓱一般来说，在影片拍摄之前，都会由创作部门画出一个分镜头剧本。这个分镜头剧本上要表明摄像机位、景别等信息，这样在拍摄时，摄像师就可以根据设计的方案和导演的想法对画面进行景别上的控制。

技巧

①使用远景时持续时间应在10s以上；使用全景时持续时间应在8s以上；使用中景时持续时间应在5s以上；使用近景时持续时间应在3s以上。

经验

①远景：远景是景别中视距最远、表现空间范围最大的一种景别，远景视野深远、宽阔。

- 大环境下的主体。
- 用风景抒情缓和节奏。

（2）全景包括被摄对象的全貌和它周围的环境[k]。与远景相比，全景有明显的作为内容中心、结构中心的主体。在全景画面中，无论人还是物体，其外部轮廓线条以及相互间的关系都能得到充分的展现，环境与人的关系更为密切，如图4-31所示。

（3）中景是指表现成年人膝盖以上或有典型意义的局部场景的画面，包括对象的主要部分和事物的主要情节[l]。在中景画面中，主要的人和物的形象及形状特征占主要部分。使用中景画面，可以清楚地看到人与人之间的关系和感情交流，也能看清人与物、物与物的相对位置关系，如图4-32所示。因此，中景是拍摄中常用的景别。

图4-31 "新动传播"全景

图4-32 "华数宣传片"中景

（4）近景包括被摄对象更为主要的部分（如表现成年人胸部以上或局部的部分），用以细致地表现人物的精神和物体的主要特征[m]。使用近景，可以清楚地表现人物心理活动的面部表情和细微动作，容易产生交流。使用近景时，持续时间应在3s以上。近景可以用来表现广告产品的具体特征，如一些洗发水的广告就多用近景来显示头发柔顺飘逸的特征，化妆品的电视广告多用近景来展示广告产品的个性。因为近景能够产生较强的视觉效果，使产品的一些细微的特征得以充分的展现，如图4-33所示。

图4-33 "华数宣传片"近景

（5）特写是表现拍摄主体对象某一局部（如人肩部以上及头部）的画面，它可以作更细致地展示，揭示特定的含义。特写反应的内容比较单一，起到形象放大、内容深化、强化本质的作用。在具体运用时主要用于表达、刻画人物的心理活动和情绪特点，起到震撼人心、引起注意的作用，如图4-34所示。

图4-34 "华数宣传片"特写

特写空间感不强，常常被用作转场时的过渡画面[11]。特写能给人以强烈的印象，因此在使用时要有明确的针对性和目的性，不可滥用。

①切入特写。

- 尽量利用叙述中的精彩部分。

- 突出重点。

- 除去不重要的部分。

- 放大细节。

- 压缩时间经过。

- 弥补看不见的动作过程。

②旁跳特写。

- 用以显示屏幕外人物的反应。

- 暗示观众应作何种反应（引导观众接受作者意图的有效技巧）。

- 对重要事件、内容作视觉注释。

- 作为重要动作的推动和一个叙述段落的开始。

- 代替不宜或不用出现的内容。

- 分散观众的注意力。

经验

⑪特写镜头具有强烈的视觉感受，因此特写镜头不能滥用，要用得恰到好处，用得精，才能起到画龙点睛的作用。滥用会使人厌烦，并且会削弱它的表现力。尤其是人物面部大特写（只含五官）应该慎用。

经验

⑪电视新闻摄像没有刻画人物的任务，一般不用人物的大特写，一般使用近景镜头。

独立实践任务（3课时）

任务二　临安宣传片项目剪辑

任务背景

　　临安宣传片是一部关于杭州市临安的旅游宣传专题片，以"临安是座会呼吸的城市"为表现重点，展现临安的旅游资源。

　　在临安众多的传播符号中，不难发现这样一系列词汇：生态建设示范市、竹子之乡、山核桃之乡、书画艺术之乡、国家级自然保护区、高山度假、农家乐、五大旅游风景区等。可以设想，作为一名游客，你可能去过千岛湖，也可能到过西湖，但在杭州只有临安这个地方让你明白什么是旅游的真谛和本原。在这里，你才能体会到原汁原味的、没有太多人为痕迹的真实，从城市的繁华和喧嚣中走来，在这里，拥有一次生命的真正呼吸。

　　于是，通过提炼浓缩，"一座会呼吸的城市"更符合临安的形象气质；74.9%的森林覆盖率是"一座呼吸的城市"有力的支撑点，这也是西湖、千岛湖无法比拟的。森林让她富有新鲜的空气，让每一位游客都能通过感官呼吸到最清新也最真实的气息。

　　同时，呼吸意味着吐故纳新的生命力，一个蓬勃发展的城市正通过呼吸传达出她特有的风骨。通过呼吸，听到一种破土萌发的声音，一种与时俱进的声音正在森林山谷发出回声，与世界同呼吸便是她的终极诉求。

　　作为整体推广的一个环节，宣传片必须明确定位，必须考虑其延展性及未来的战略步骤，有计划地让临安层层深化、升级品牌形象。用呼吸来定义，展示临安的历史文化及其在时代变迁中不断发展的强大生命力，这也符合市领导对临安发展的战略性思考，根据此定义，更是确定推广方案的依据。

任务要求

　　根据任务背景与所给的画面素材资料，以个人角度对画面进行剪辑，重在体现"临安是一座会呼吸的城市"。在剪辑中应注重景别的应用，熟练掌握不同景别所表达的不同意义，并且掌握不同景别运用于不同画面的时间长度。

　　影片长度：30s

　　播出平台：多媒体

　　制式：PAL

　　【技术要领】充分认识画面主旨，选择正确的景别进行素材搭配。

　　【解决问题】根据景别内容，在制作中牢记景别使用的特性与方法。

　　【应用领域】影视后期。

　　【素材来源】光盘\模块04\素材\临安宣传片。

　　【最终效果】无。

主要制作步骤

课后作业

1. 填空题

（1）景别可分为_____、_____、_____、_____、特写。

（2）画面景别通常是指_____。

2. 单项选择题

（1）视距最近的景别为（　　）。

　　A. 远景　　　　　　　　　　B. 全景

　　C. 近景　　　　　　　　　　D. 特写

（2）在剪辑中，有一种较冷静的景别，常带有一种旁观者清的客观和理性。同时它是最安全的取景方式，既可展示人物动作，又兼顾主体与环境、与其他人的关系，这个景别是（　　）。

　　A. 远景　　　　　　　　　　B. 全景

　　C. 中景　　　　　　　　　　D. 近景

3. 多项选择题

（1）景别的意义为（　　）。

　　A. 景别是视觉语言的一种基本表达形式

　　B. 景别是画面空间的表达形式

　　C. 景别是导演和摄像师对观众视觉心理的限定

　　D. 景别是画面造型的重要手段，是形成画面节奏变化的方式

（2）下列哪些属于旁跳特写的作用？（　　　　）

　　A. 用以显示屏幕外人物的反应

　　B. 对重要事件、内容作视觉注释

　　C. 代替不宜或不用出现的内容

　　D. 分散观众的注意力

模块

传媒30周年宣传片
——场景转换技巧

能力目标
1. 掌握视频场景转换的常用方法。
2. 将场景转换运用于独立制作的视频之中

专业知识目标
掌握技巧专场与无技巧专场的不同

软件知识目标
1. 掌握插件camera Flash的应用
2. 掌握技巧专场与无技巧专场的应用

课时安排
6课时（讲课4课时，实践2课时）

模拟制作任务

任务一　利用淡出淡入效果制作转场特效（2课时）

任务背景

"传媒30周年校庆宣传片"是一部介绍浙江传媒学院的宣传片。

浙江传媒学院是国家广播电影电视总局和浙江省人民政府共建共管的一所培养广播影视及其他传媒人才的高等院校，是目前全国培养广播影视及其他传媒专门人才的两个主要基地之一，素有"北有北广，南有浙广"之誉。建校以来已经为中央和地方各省、市、直辖市、自治区、地级市、县级的电视台、电台及社会影视制作单位输送了大批专业人才。

学院现设有新闻与文化传播学院、影视艺术学院、电子信息学院、动画学院、播音主持艺术学院、管理学院、国际文化传播学院、音乐学院、继续教育学院和社科部、公体部等9个二级学院和2个教学部，开设了广播电视新闻学、播音与主持艺术、广播电视编导、广播电视工程等28个本科专业及专业方向和部分专科专业。经浙江省教育厅批准，学院开设了"3+2"专升本专业，面向浙江省高职高专优秀应届毕业生招生，学制两年，公办标准收费，学生毕业后发全日制普通本科毕业证书，毕业后享受国家普通本科毕业生待遇。

学院专业特色鲜明，配有先进的教学实验设备，现有虚拟演播实验室、非编实验室、音视频综合实验室、MIDI制作实验室、广电通信计算机实验室等50多个实验室；教学仪器设备总值超亿元，已建成使用的22层演播大楼投资1.3亿元；总建筑面积3万多m²，有1200m²、400m²、300m²、200m²等各种规格演播厅17个，是集教学、科研、社会服务三大功能于一体的广播电视节目生产基地。学校还配备建设了校园有线电视、千兆校园网、卫星地面接收站、校园广播电台和实验电视台。图书馆建筑面积达2.2万m²，各类文献馆藏量为65万册，其中音像资料近2万件，已成为我国区域性广播影视资料中心。

本宣传片的主要任务是将浙江传媒学院的教学环境、专业设置、专业设备、社会实践及课余生活等各个方面向社会公众进行全面介绍。

本任务通过淡出淡入转场效果的添加，将几个并列的画面组接起来，形成一个排比式的画面叙述方式。

任务要求

为"光盘\模块05\素材\淡出淡入效果制作"目录下的三段素材添加淡出淡入转场特效。

播出平台：多媒体、央视及地方电视台

制式：PAL

任务分析

前期拍摄需要对画面的结构有所控制，一般来说，在制作宣传片和广告片之前需要预先制作出分镜头剧本。在剪辑时对照分镜头剧本进行创作。但是浙江传媒学院的宣传片时长8min，需要画分镜头剧本，在当时时间很紧的情况下是做不到的。所以在拍摄当中没有绘制出分镜头剧本。从影片的制作可以看出，在导演的脑子里，整体的影片构架与场景的转换都是很有想法的。

➡ 本案例的重点和难点

重新排列素材、添加淡出淡入转场效果。

【技术要领】添加淡出淡入转场效果，设置转场特效的持续时间。

【解决问题】转场特效的持续时间设置需要根据影片的节奏、镜头的长度和音乐的配合进行。

【应用领域】影视后期。

【素材来源】光盘\模块05\素材\淡出淡入效果制作。

【最终效果】光盘\模块05\效果参考\浙江传媒学院.flv。

⬇ 操作步骤详解

新建工程文件并导入素材

01 启动Adobe Premiere Pro CS5，如图5-1所示。单击【New Project】按钮，弹出New Project Settings对话框，将Name设置为"传媒30周年校庆宣传片"；因为浙江传媒学院30周年宣传片是利用高清摄像机进行拍摄的，所以将Capture设定为HDV；在Location下拉列表中选择存放项目目录的地址，本例中将项目存放在默认地址；其余选项设置为默认，如图5-2所示，设置完成后单击【OK】按钮。

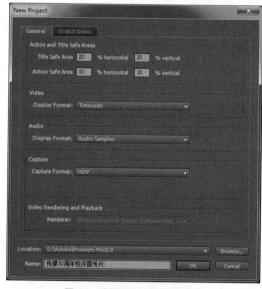

图5-2　设置项目工程文件参数

02 进入New Sequence设置对话框，单击DV-PAL文件夹左边的小三角，展开DV-PAL文件夹对话框，选择Standard 48kHz模式。在Sequence Name选项框中为时间线命名，本例将Sequence（时间线）命名为"传媒30周年校庆宣传片"，如图5-3所示。单击【OK】按钮进入Adobe Premiere Pro CS5操作界面。

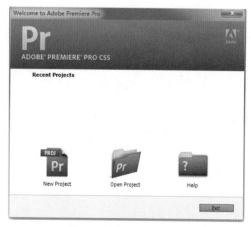

图5-1　新建项目工程文件

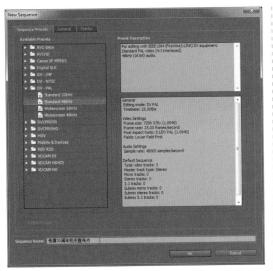

图5-3 New Sequence设置对话框

03 选择File>Import命令,弹出Import File对话框,选择"光盘\模块05\素材\淡出淡入效果制作"目录下的"阶梯教室大课01.avi"文件,单击【打开】按钮将"阶梯教室大课01.avi"视频图像素材导入至Adobe Premiere Pro CS5中。

04 和上述操作方法一样,将"光盘\模块05\素材\淡出淡入效果制作"下所有AVI格式的文件导入Adobe Premiere Pro CS5中,如图5-4所示。

图5-4 Project导入素材页面

05 将"阶梯教室大课01.avi"和"阶梯教室大课06.avi"两段素材导入Adobe Premiere Pro CS5软件中后,首先将素材拖曳到时间线轨道中,如图5-5所示。

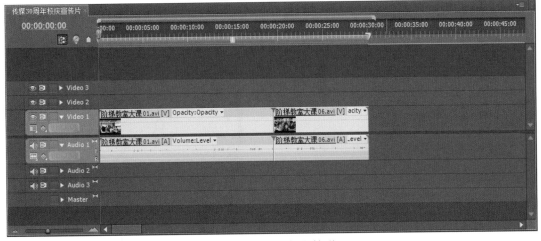

图5-5 将素材拖曳到时间线

06 在传媒学院30周年校庆宣传片中,拍摄时的视频素材自带了拍摄时的音频素材。而在制作中需要将原始的音频素材进行删除,在视频制作的最后再加入统一的音乐素材进行画面的声音点缀。将视频素材与音频素材进行分离并删除原始音频素材的方法如下所述。

① 在"阶梯教室大课01.avi"素材上单击鼠标右键弹出素材属性窗口,如图5-6所示,选择Unlink(解锁)命令,即可将视频和音频分离。这样才能单独选中音频文件。

图5-6　选择Unlink命令

② 单独选中音频轨道上的音频素材，按Delete键即可将音频素材删除。

重复上述操作将"阶梯教室大课06.avi"的音频素材删除。

淡出淡入转场效果添加

07 将"阶梯教室大课01.avi"素材与"阶梯教室大课06.avi"素材首尾相接，如图5-7所示。

图5-7　两端素材首尾相接

08 打开Window对话框，再打开Effect面板。单击Effect面板中Video Transitions（视频转换特效）左边的下拉图标，接着再单击Dissolve（溶解类转换特效）左边的下拉图标，选择Cross Dissolve（淡出淡入转换特效）选项，也可以单击常使用的叠加效果，使其变成灰色，鼠标右击将其设置为默认使用的叠加效果，用快捷键Ctrl+D这样就能快速添加叠加效果。如图5-8所示。

图5-8　选择Cross Dissolve视频转场特效

09 按住Cross Dissolve选项不放，将其拖曳到两段素材之间的连接处。这样，Cross Dissolve淡出淡入效果就添加完成了，如图5-9所示。

图5-9　添加Cross Dissolve视频转换特效

10 视频转场效果添加完成之后，开始对视频转场特效的参数进行设置[01]，具体如图5-10所示。

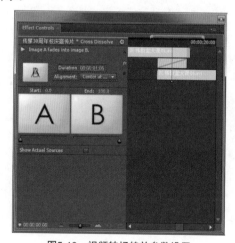

图5-10　视频转场特效参数设置

在对视频转场特效进行参数设置时，将Duration参数设置为1秒05帧。将Alignment参数设置为Center At Cut。

通过以上的操作，淡出淡入视频转场效果就添加完成了。这种转场特效被称为技巧转场[02]。

模拟制作任务

任务二 利用Lighting Effects制作闪光视频转场特效（2课时）

任务背景

本任务是将两个不同场景的镜头进行视觉上的串联。利用相似物体转场方式，将两个完全不相关联的场景进行串联，进而达到场景过渡自然的目的。这种视频转场方式是无技巧转场[03]的其中一种。

任务要求

利用Lighting Effects制作闪光视频转场特效。

播出平台：多媒体、央视及地方电视台

制式：PAL

任务分析

本任务将利用Lighting Effects制作闪光视频转场特效。此视频转场特效不仅仅利用了技巧转场，也利用了无技巧转场特效将两段视频进行组接[04]。

➡ 本案例的重点和难点

Lighting Effects 的使用与Key帧要领。

【技术要领】拆场，Lighting Effects的使用与Key帧要领。

【解决问题】了解无技巧转场的基本内容，无技巧转场与技巧转场的区别。

【应用领域】影视后期。

【素材来源】光盘\模块05\素材\摄影转场。

【最终效果】光盘\模块05\效果参考\浙江传媒学院.flv。

⬇ 操作步骤详解

新建工程文件导入素材

01 启动Adobe Premiere Pro CS5，选择File>New>Sequence命令新建一个Sequence，如图5-11所示。

02 进入New Sequence对话框，单击DV-PAL文件夹左边的小三角，展开DV-PAL文件夹对话框，选择Standard 48kHz模式。在Sequence Name选项框中为时间线命名，本例将Sequence（时间线）命名为"传媒学院30周年校庆宣传片-摄影转场"，如图5-12所示，单击【OK】按钮进入Adobe Premiere Pro CS5操作界面。

图5-11　新建一个Sequence

图5-12　New Sequence对话框

03 选择 File>Import 命令，弹出 Import File 对

话框，选择"光盘\模块05\素材\摄影转场"目录下的"摄影棚04.avi"文件，单击【打开】按钮将"摄影棚04.avi"的视频图像素材导入 Adobe Premiere Pro CS5 中。

和上述操作方法一样，将"光盘\模块05\素材\摄影转场"下所有AVI格式的文件导入至Adobe Premiere Pro CS5中，如图5-13所示。

图5-13　导入素材

04 将"摄影棚04.avi"和"影视艺术课老师近景.avi"两段素材导入到Adobe Premiere Pro CS5后，首先将素材拖曳到时间线轨道中，如图5-14所示。

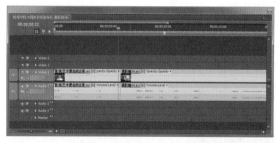

图5-14　将素材拖曳到时间线

05 素材的分辨率为1920像素×1080像素，而在新建工程时采用的是PAL D1/DV电视制式，分辨率为720像素×576像素，这样就产生了一个问题。如何将分辨率比较高的素材嵌入分辨率比较低的素材中呢？

首先，单击"影视艺术课老师近景.avi"素材，再单击素材监视器上的Effect Controls效果控制面板。在这个项目中将Scale缩放参数设置为41.0，如图5-15所示。同样地，将"摄影棚04.avi"的Scale缩放参数设置为41.0。

图5-15　Effect Controls效果控制面板

添加Lighting Effects 特效制作摄像机闪光转场

06 打开Window对话框，再打开Effect面板。单击Effect面板中Video Effects（视频特效）左边的下

拉图标，接着再单击Adjust左边的下拉图标，选择
Lighting Effects（灯光特效）选项，如图5-16所示。

图5-16　选择Lighting Effects

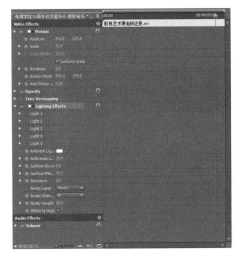

图5-17　添加Lighting Effects

07 按住Lighting Effects选项不放，将其拖曳到"影视艺术课老师近景.avi"素材上，这样，Lighting Effects就添加完成了，如图5-17所示。

添加完成后，在 Effect Controls 效果控制面板中会显示出添加的 Lighting Effects 特效控制界面。

08 接着利用Lighting Effects这个特效对画面进行闪光效果的关键帧Key帧制作，在制作之前需要将时间线的显示方式进行修改。默认情况下，时间线素材的参数显示为Opacity（不透明度），如图5-18所示。但是现在需要对Lighting Effects这个特效进行关键帧的设置，需要将素材显示变更为Lighting Effects，黄色线的高低就代表Light Type的数值大小，但被特效控制关联，此线是无法拖动的，如图5-19所示。

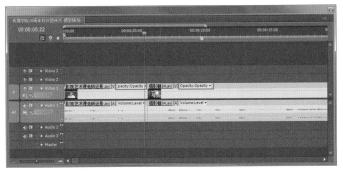

图5-18　素材的默认参数显示为Opacity

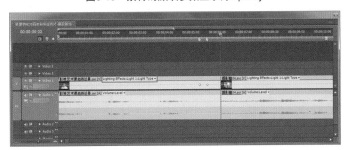

图5-19　修改为 Lighting Effects 的Light Type

用户可以利用上述所讲的08操作步骤将"摄影棚04.avi"的素材显示进行调整。

09 单击素材监视器上方的Effect Controls效果控制面板，对Lighting Effects的关键帧进行设置。

10 选中"影视艺术课老师近景.avi"素材，将时间线指针拖至5秒08帧处(00:00:05:08)。展开Light 1参数设置选项，把Light Type默认参数设置None的自动K帧键打开，如图5-20所示。然后将

时间线指针拖曳至5秒15帧处(00:00:05:15)帧处,再将Light Type默认参数设置Omni数值发生变化后,Premiere自动K帧,Light Color颜色设置为粉蓝色(A7F1FF),Major Radius数值设为65.0 ,Intensity数值设为53,如图5-21所示。

K帧开关将其K帧,Light Color颜色设置为粉蓝色(A7F1FF),Major Radius数 z 值设为65.0,Intensity数值设为53,如图5-22所示。然后将时间线指针拖曳至6秒07帧处(00:00:06:07),再将Light Type参数设置None数值发生变化后,Premiere自动K帧,Light Type其他属性就变灰色锁定住了如图5-23所示。

图5-20　Effect Controls效果控制面板参数调整01

图5-22　Effect Controls效果控制面板参数调整03

图5-21　Effect Controls效果控制面板参数调整02

11 选中"摄影棚04.avi"素材,将时间线指针拖曳至6秒03帧处(00:00:06:03)。展开Light 1参数设置选项,把Light Type默认参数设置Omni打开

图5-23　Effect Controls效果控制面板参数调整04

12 设置完成之后,利用Lighting Effects闪光灯效果,闪光灯转场就制作完成了。

知识点拓展

01 转场的设置调整

在Timeline面板中单击两段素材之间的转场效果，就可以在Effect Controls窗口中对添加的转场效果进行相应的设置与调整。

对素材添加转场效果后，会在Timeline面板中相应的素材上显示转换效果图标，如图5-24所示。

图5-24 转换效果图标

双击Timeline面板中需要进行修改的转换效果，进入Effect Controls窗口，可以对转换特效进行预览和设置。转场效果控制窗口分为左右两部分，左侧是转场预览及参数设置，右侧显示转场的轨道调节，可以在其中对转场进行细致的调整，如图5-25所示[a]。

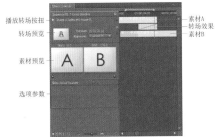

图5-25 Effect Controls窗口[b]

单击窗口上方的【Show】/【Hidetimeline View】按钮，可以展开或收起效果控制窗口中右侧的时间线部分。对于基本转场，其中的设置有如下几项。

- Duration—转场时间。
- Alignment—对齐方式。
- Show Actual Sources—显示图画素材。
- 有的视频转换具有更多的可设置选项。
- 浏览转场的效果。

用户可以通过拖曳时间线滑杆或使用快捷键空格键来浏览转场效果。

02 技巧转场

利用特技的技巧使两个场面连在一起，既容易造成视觉的连贯，又容易造成段落的分割。电视有电子特技的优势，大大增加了特技的形式，先进的电子特技机利用计算机数码，可编出几百种特技

经验

[a]在Effect Controls窗口中，单击左上角的【Play The Transition】（预演转换）按钮，可以在下面的显示窗口中播放该转换的动画效果。单击面板右上角的【Show/Hide Timeline View】（显示/隐藏时间线）按钮，可以在Effect Controls窗口右侧显示与Timeline窗口对应的窗格，拖动其中的时间线，同样可以在Program节目预览窗口中直接查看添加的转换效果。将鼠标移动到Duration持续时间后面的时间码上，按住鼠标左键，可以对转换动画的持续时间进行缩短或延长。

经验

[b]如图5-25所示，在选择参数框内有一个Show Actual Sources的复选框，勾选此复选框时，在素材预览窗口中并不显示素材A和素材B，而是直接显示添加素材的画面，这样就能更好地显示出转场的效果。

式样。现在特技不只用来做段落间的转换，在镜头的组接和后期表现方面也越来越多地被使用。作为一种特殊的艺术表现形式，我们的电视工作者应该能够熟练地掌握运用技巧转场的方法。

1. 淡入淡出（显/隐）[c]——具有舞台落幕感

- 特点：前后镜头无重叠画面，信号是V形变化。
- 时长：各2s，中间加上一段黑的画面，称为缓淡，U形淡变。
- 用处：大段落转换处，给人间歇感。
- 淡出、切入：节奏由慢到快。
- 切出、淡入：节奏由快到慢。

2. "化"—叠化（溶化、溶变）[d]

- 快化：叠化速度短促。
- 慢化：叠化过程所用时间比常规长，用于表现一种舒缓的情绪。
- 特点：X形变化。
- 用途：时间的转换，表示时间的流逝；表现梦幻、想象、回忆，称为化出、化入；表示景物数量繁多；用于补救视觉不顺的情况；情绪的渲染。

3. 划像[c]

- 时间：0.5～1s。
- 硬划：电子特技时代。
- 软划：应用数字技术完成，效果更柔和分割画面，用于两个意义差别较大的段落。

由于电子特技机、非线性编辑系统的发展，特技转换的手法有数百种之多。以上三种是剪辑制作当中常用的技巧转场的方法。

03 无技巧转场

1. 利用相似性因素

上下镜头具有相同或相似的主体形象，或者其中的物体形状相近、位置重合在运动方向、速度、色彩等方面具有一致性，等等，以此来达到视觉连续、转场顺畅的目的。

例如电视片《丹麦交响曲》剪辑效果非常流畅，这在很大程度上得益于大量采用相似性的直接切换技巧，比如，利用固定镜头中的玩具士兵与现实中皇家卫队仪式活动连接；森林中的一棵大树正倒下与顺势倒在切割机上的木桩相接，从森林伐木场转至木材加工点；从切割机将木头切割成块，再拼接成木地板，转换到排练厅内的木地板特写；木地板上有舞者的身影，自然转接了一组芭蕾舞演员的镜头；跳舞者正抬起的足尖特写，又与下一镜头中顺势抬腿跳民间舞的形象对接，场景由排练厅转换到舞台上民间舞演出；由演员抬头、雷声大作，跳接到户外镜头，雨中行色匆匆的人们。这一组时空的转换非常精妙，丹麦森林茂盛、木材丰富，丹麦人热爱舞蹈艺术，介绍丹麦民间舞似乎是跨度很大的两方面内容,但是通过相似的关联,很紧凑地结合在一起,却毫不牵强。

事实上,在平时的电视片创作中,只要做个有心人,不难发现事物之间众多的相似性关联。比如,前一个镜头在教室里将磁带塞进录像机,画面内有一台电视机,下一个镜头从电视机的影像拉开,已在家里;上一个镜头是果农在果园里采摘苹果,下一个镜头挑选苹果特写,但是,内容已变成了农贸市场见闻。巧妙运用上下镜头的相似关联,减少视觉变动元素,符合人们逐步感知事物的规律,场面转换自如。

2. 利用承接因素①

利用上下镜头之间的造型和内容上的某种呼应、动作连续或者情节连贯的关系,使段落过渡顺理成章。有时,利用承接的假象还可以制造错觉,使场面的转换既流畅又有戏剧效果。寻找承接因素是逐步递进式剪辑的常用方式,也是电视编辑应该熟练掌握的基本技巧。

比如,上一段落主人公准备去车站接人,他说"我去车站了",镜头立即承接这一意思切换到车站外景,开始了下一段落,这是利用情节关联直接转换场景。

再如,前一段落介绍北京天安门广场是中国人向往的地方,一组天安门广场上各种景象的镜头,其中结尾镜头是一个家庭在广场上拍摄全家福,摄影师按下了快门;下一段介绍片中一个家庭的情况,利用一张全家福的照片,内容转述到对这个典型的普通中国市民家庭的描述上(纪录片《故宫》)。在这里,广场的摄影师按下快门与后面的全家福照片之间的呼应承接,从全景式概貌介绍转到对典型家庭的描绘。

又如,前一段落是城市清晨的生活景象,忙碌的人们挤上电车,又匆匆走下地铁列车;下一段落介绍某街道的社区生活,之间可以通过一个代表地点的站牌,从地铁转至街道。前一段落是庙内烧香的人们,转场镜头可以从热闹的院内摇至院外的高层楼房,然后接一组城市建筑的镜头。一般来说,此建筑接彼建筑,建筑外景接建筑内景,接建筑内的人群,再接主人公;类似的承接方式连接是剪辑中结构镜头连接顺序的一般规律。

利用人们自动承接的心理定势,采用偷梁换柱的手段,往往可以造成联系上的错觉,使转场显得流畅而有趣。比如,前一镜头是一个人在公园练习京剧舞棍动作,他向画外一抛;下一画面一只手接棍,此时,他已身着戏服在舞台演出,一抛一接,将台上台下有趣地联系在一起(电视短片《戏舞》),这后一镜头是编辑在资料中找到的,他很好地利用了两个镜头在动作连续上的错觉,使转场连贯而紧凑。

3. 利用反差因素⑤

利用前后镜头在景别、动静变化等方面的巨大反差和对比,形成明显的段落间隔。这种方法适用于大段落的转换,其常见方式是运用两极景别。由于前后镜头在景别上的悬殊对比,制造明显的间隔效果,段落感强,它属于镜头跳切的一种,有助于加强节奏。

模块 05 传媒30周年宣传片——场景转换技巧

🔒 **技巧**

①利用承接关系的无技巧转场主要用于有情节链接关系的镜头,一般适合用在电影、电视剧这样的镜头中。

🔊 **经验**

①在利用承接关系进行场景转换时,可以让影视片摆脱时间和空间的束缚。

🔊 **经验**

⑤反差因素转场在转场特效中运用得比较少,原因在于利用这种转场效果会让人有跳的感觉。

比如，电视片《丹麦交响曲》中有许多此类转换，前一组是海上航行的大全景，后一组的第一个镜头直接跳转到热闹的街市的特写，景别或声音的突然变化形成了一种段落间的节奏转换；同样，《申奥片》中也有大量两极镜头转场的实例，威风锣鼓的特写接一组群山日出长城的大全景；前一段以三大男高音在紫禁城演出的大全景结尾，后一段开场是迎面而来的舞狮队近景；前一段是中国孩子的各种姿态和笑脸，结尾镜头是一个小男孩手举欢迎奥运小旗帜的中景，下一段表现北京绚丽之夜，开场镜头是俯瞰全城的大远景，运用两极镜头几乎使每一个段落间隔都非常清晰，强化了视觉对比效果。

在电视纪录片中，两极镜头转场更是区分段落层次的有效手段，它可以大幅度省略无关紧要的过程，利用在动中转静或在静中变动来赋予观众强烈的直观感受。一般来说，前一段大景别结束，下一段小景别开场，叙述节奏加快，场面转换有力；反之，前一段小景别结束，后一段大景别开始，段落分隔效果明显，叙述节奏相对从容。

4. 利用遮挡元素（或称挡黑镜头）ⓗ

所谓遮挡是指镜头被画面内某形象暂时挡住，依据遮挡方式的不同，大致可分为两类情形：一是主体迎面而来挡黑摄像机镜头，形成暂时黑画面；二是画面内前景暂时挡住画面内其他形象，成为覆盖画面的唯一形象。比如，在大街上的镜头，前景闪过的汽车可能会在某一片刻挡住其他形象。当画面形象被挡黑或完全遮挡时，一般都是镜头切换点，它通常表示时间地点的变化ⓘ。

主体挡黑通常在视觉上能给人以较强的冲击，同时制造视觉悬念；而且，由于省略了过场戏，加快了画面的叙述节奏。典型例子是：前一段在甲地点的主体迎面而来挡黑镜头，下一段主体背朝镜头而去，已到达了乙处。

在电影《有话好好说》中有这样一段内容：男主人公在大街上等待女朋友，开始镜头主人公在百无聊赖地东张西望；下一镜头，前景中汽车驶过，他在吃西瓜；汽车又驶过，他在吃盒饭；最后一个镜头汽车驶过，画面转接到女朋友的家中。

同样原理，一则航空公司的广告更是淋漓尽致地表现了遮挡镜头ⓙ在流畅转场上的妙用：镜头一开始，一个小男孩在上学路上，一辆老式汽车驶过画面后，他成了高中生；当一位当街打电话的人挡住他后，再出现时已是一个年轻小伙；遇见了一位姑娘，他从花摊上拿起一束鲜花，大捧鲜花挡住了他，再次出现时已在婚礼上；一辆现代汽车驶过他们面前，他成了父亲，一家三口亲亲热热；下雨了，他撑开伞，雨伞挡黑了镜头，随后已长大的孩子和他一起亲密地逛街；走过一个大树后，他去参加孩子的婚礼；婚礼前的喷泉挡住了他的身影，他走过喷泉出现时，已是双鬓染霜的爷爷，正带着孙子玩耍。显然，这则手法新颖的广告是经过精心设计的。在这里，遮挡镜头的作用虽然被艺术地放大，但是，从中可以看出诸如汽车、人流等前景运动物遮挡画面时，也是转换镜头的有利时机，它使时空转换变得流畅且紧凑。

🔒 **技巧**

ⓗ利用挡黑镜头转场主要是让画面产生一个大停留式的转变，它的段落分割感更明显。给人的心理间隔也比较大。比较适合一个大段落的结束。

🔊 **经验**

ⓘ在影视片中，尤其是电视中，前景遮挡转场的运用较为普遍。

🔊 **经验**

ⓙ遮挡镜头的转场使影片充满出人意料的趣味性，表现流畅而简洁的故事情节。

After Effects

Premiere

5. 利用运动镜头或动势[k]

利用摄像机的运动来完成地点的转换，或者利用前后镜头中人物、交通工具的动势可衔接性及动作的相似性，实现场景或时空转换。

这种转场方式大多强调前后段落的内在关联性。比如，前一段落的结尾镜头是两个小孩在田间玩耍，并向右冲出画面；下一段落反映工厂的各种劳动场面，开始镜头是穿滑轮鞋的两个工人从画左冲入场地中间（电视片《荷兰花》）。后一镜头延续了前一镜头的冲力，很自如地转换了场景和内容。

在利用运动转场的技巧中，出画[l]、入画也是转换时空的重要手段。在表现大幅度的空间变化时，比如，从办公室到大街，从甲处到乙地，经常可见让人物从前一镜头走出画面，再从另一环境的镜头中走入画面。同样，也可以前一镜头人物出画，后一镜头内人物已在画中，比如前一镜头中人物走出家门，下一个镜头他已在大街上。这里，出画代表暂时结束，入画代表新的开始，因此，可以比较协调地将不同空间联系在一起。究竟采用哪一种方式，这需要根据素材情况，而且，还要考虑空间省略中的时间因素。

6. 利用景物镜头（或称空镜）[m]

该法借助景物镜头作为两个大段落间隔。景物镜头大致包括如下两类。

一类是以景为主、物为陪衬，比如群山、山村全景、田野、天空等。用这类镜头转场既可以展示不同的地理环境、景物风貌，又能表现时间和季节的变化。电视纪录片《龙脊》、《空山》中都先后利用四季更替间农作物、环境的变化来转换段落，并且将其作为结构性元素使用，进而将故事发展的各个环节有机地串联在一起。

另一类是以物为主、景为陪衬，比如，在镜头前飞驰而过的火车、街道上的汽车以及诸如室内陈设、建筑雕塑等各种静物。一般来说，常选择这些镜头挡住画面或特写状态作为转场时机。比如，前一个段落是考试在即，一个准备考音乐学院的女孩在刻苦练琴；下一个段落她去考试，之间的转场镜头可以是大街上汽车驶过画面，女孩从大街上走向考试点，也可以是考场大楼外景，接她在弹奏的镜头，等等。

在电视片中，运用景物镜头转场是很多的，具体镜头的选择应与前后镜头的内容情绪相关联，同时还要考虑与画面造型匹配的问题。比如，大街汽车驶过，跳接考试，那么这个大街上汽车的转场镜头就变得有些莫名其妙，但是，汽车驶过画面，接女孩走向考点，或者接大街街景、考场大门等，那么镜头就会依次承接，意义明确，同时又完成了转场任务。

7. 利用声音[n]

用音乐、音响、解说词、对白等和画面的配合实现转场。

利用解说词承上启下、贯穿上下镜头的意义，是电视编辑的基础手段，也是转场的惯用方式。

尽管音乐、音响、对白等是不同的声音形式，其性质功能也都不相同，但是就转场效果考虑，它们都有如下几种方式。

（1）利用声音过渡的和谐性自然转换到下一段落。其中，主要方式是声音的延续、声音的提前进入、前后段落声音相似部分的叠化。利用声音的吸引作用，弱化了画面转换、段落变化时的视觉跳动。比如，在一部关于新法出台前后的调查性节目中，前一段落是两会大会现场，最后镜头是全场掌声雷动；后一段落是某代表团讨论问题，开始镜头是代表们鼓掌赞同下一位代表开始发言；两个段落之间以一个会议室外长廊移动的镜头为过渡，前掌声延续减弱，后掌声提前，并与前掌声叠和；随着镜头进入会场，掌声渐响。在这里，转场镜头和转场声音起到了承上启下的作用，过渡清楚，段落分明，同时依靠相似声音的作用，转换自然，也渲染了大会小会情绪热烈的气氛。

（2）利用声音的呼应关系实现时空的大幅度转换。比如，电影《紫色》中，上一段落夏普父亲不同意他结婚，最后镜头是已怀孕的未婚妻在门口大叫夏普， 夏普正面对父亲犹豫，不敢回头应答；下一段落开始，夏普回头应答"我同意"，此时已在婚礼场上，孩子也已出生了。一喊一答，加之回头动势，错觉带来了戏剧性效果，实现了时空跨越的效果。

类似的手法在电视编辑中也是可以借鉴的。

利用前后声音的反差，加大段落间隔，加强节奏性。其表现常常是某声音突然戛然而止，镜头转换到下一段落，或者，后一段落声音突然增大或出现，利用声音吸引力促使人们关注下一段落。比如，上一段落是一个人在家安静地学习，下一段落是热闹的足球场上的比赛，突如其来的比赛现场的嘈杂声直接反映了另一段落的性质，镜头直接切入球场比赛。

8. 利用特写

特写具有强调画面细节的特点，暂时集中人的注意力，因此，特写转场可以在一定程度上弱化时空或段落转换的视觉跳动。

9. 利用主观镜头

主观镜头是指借人物视觉方向所拍的镜头，用主观镜头转场就是按前后镜头间的逻辑关系来处理场面转换问题，它可用于大时空转换。比如，前一镜头是人物抬头凝望，下一段落可能就是其看到的场景，甚至是完全不同的事物、人物，诸如一组建筑，或者远在千里之外的父母。

04 技巧转场和无技巧转场的运用

转场分为技巧转场和无技巧转场。技巧转场利用特技来连接两个场面，然而无技巧转场则利用镜头的自然过渡来连接两段落，此时须注意寻找合理的转换因素。

经验

◎转场方式还有许多，比如利用字幕、利用情绪等，无论是使用技巧性转场（特技连接）还是无技巧性转场（直接切换），合理运用的前提都是依据各种技巧的表现特点，结合所表达的内容，准确地掌握蒙太奇语言。这些技巧并没有涵盖所有连接镜头、转换时空、分隔段落的手法，技巧是可以不断创造发展的，而且这些技巧本身并没有优劣高下之分，只要是适合内容、体裁、风格样式的方法都是恰当的。

在电视片的编辑中，技巧的运用只有在符合内容要求的基础上，才能发挥它应有的作用，相应地，内容的完美表达离不开技巧的辅佐。

独立实践任务（2课时）

任务三　利用淡出淡入转换效果制作电子相册

任务背景

做一个简单的电子相册，介绍某所学校的教学环境与基本情况。

任务要求

去校园中拍摄一些校园图片、教学设施图片及师资力量图片、学生学习与课余生活的相关图片，利用淡出淡入的视频转换效果，以电子相册的形式介绍学校的基本情况，完整全面地表现学校特色。

播出平台：多媒体

制式：PAL

【技术要领】淡出淡入场景转换效果应用。

【解决问题】全面搜集素材。

【应用领域】影视后期。

【素材来源】自备。

【最终效果】无。

任务分析

主要制作步骤

课后作业

1. 填空题

（1）视频转换效果可分为_____和_____。

（2）在无技巧转场转换效果中，利用音乐、音响、解说词、对白等和画面的配合实现转场的方式为_____。

2. 单项选择题

（1）Adobe Premiere Pro CS5中，可以为素材的各属性设置关键帧，以下关于在 Adobe Premiere Pro CS5中设置关键帧的方式描述正确的是（　　　）。

　　A. 仅可以在时间线窗口中和效果控制窗口中为素材设置关键帧

　　B. 仅可以在时间线窗口中设置素材关键帧

　　C. 仅可以在效果控制窗口中设置素材关键帧

　　D. 不但可以在时间线窗口或效果控制窗口中为素材设置关键帧，还可以在监视器窗口中设置

（2）Adobe Premiere Pro CS5中，以下关于对素材片段施加转场特效描述正确的是（　　　）。

　　A. 欲施加转场特效的素材片段可以是位于两个相邻轨道上的，有重叠部分的两个素材片段

　　B. 欲施加转场特效的素材片段可以是位于同一个轨道上的两个相邻的素材片段

　　C. 只能为两个素材片段施加转场特效

　　D. 可以单独为一个素材片段施加转场特效

3. 多项选择题

（1）遮挡是指镜头被画面内某形象暂时挡住，依据遮挡方式不同，大致可分为（　　　）。

　　A. 主体迎面而来挡黑摄像机镜头，形成暂时黑画面

　　B. 画面内前景暂时挡住画面内其他形象，成为覆盖画面的唯一形象

　　C. 利用Dip To Black进行转场效果添加

　　D. 通过调整光圈大小使屏幕变暗进行挡黑镜头转场

（2）以下哪些转场特效属于"3D Motion"类的转场效果（　　　）。

　　A. Cube Spin　　　　　　　　　　B. Flip Over

　　C. Roll Away　　　　　　　　　　D. Door

模块

小龙阿布动画
——音频素材的处理

能力目标
根据实际项目需要对影片作品进行音频编辑

专业知识目标
1. 掌握音频轨道的分类
2. 理解音轨基本属性的概念

软件知识目标
1. 导入音频素材
2. 在轨道上对音频进行编辑
3. 了解软件的音频特效

课时安排
6课时（讲课3课时，实践3课时）

任务参考效果图

模拟制作任务（3课时）

任务一　　编辑小龙阿布动画音频

任务背景

三维动画连续剧《小龙阿布》是国家立项的、由杭州汉唐影视动漫有限公司创作的一部52集三维高清原创动画电视连续剧。本项目要为《小龙阿布》互动游戏提供相关的动画素材。《小龙阿布》互动游戏将在杭州文广集团成立五周年纪念日的"观众开放日"活动中让小龙阿布与观众互动，借此宣传三维动画连续剧《小龙阿布》。

任务要求

提供小龙阿布几个重要部位的一些反应动画，包括头、手、肚子、脚等，并配上相关声效。了解音频混合器基础⓵，学会使用并能帮助剪辑，让声效更生动。

播出平台：触摸游戏屏

制式：PAL

➡ 本案例的重点和难点

根据小龙阿布的动作配上相关声效，让小龙阿布的动作表现得更有生命力。讲解音频混合器面板的应用以及概述界面⓶。

【技术要领】C（剪切工具），V（选择工具），H（手柄工具），Z（缩放工具）。

【解决问题】利用快捷键，剪辑更快捷。

【应用领域】影视后期。

【素材来源】光盘\模块06\素材\stone。

【最终效果】光盘\模块06\效果参考\stone.mpg。

⬇ 操作步骤详解

创建并设置项目工程

01　启动Adobe Premiere Pro CS5，弹出如图6-1所示的窗口。

02　单击【New Project】按钮，弹出New Project对话框，在General选项卡的Name（名称）文本框中输入abugame；Location（位置）下拉列表框中显示新项目工程的存储路径，单击【Browse】按钮可改变新项目工程的存储路径，如图6-2所示，设置完成后单击【OK】按钮。

图6-1 Adobe Premiere Pro CS5的启动窗口

图6-2 新建项目工程

03 弹出New Sequence对话框，在General选项卡中设置Editing Mode为Desktop，Timebase（时基）为24.00frames/second（24帧每秒），Frame Size（帧尺寸）为1280horizontal（宽）1024vertical（高），Pixel Aspect Ratio为Square Pixels（1.0）（正方形像素1.0），Fields为No Fields（Progressive Scan）（无场逐行扫描），如图6-3所示，设置完成后单击【OK】按钮。

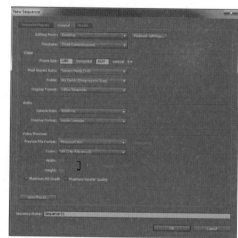

图6-3 新建序列

04 进入Adobe Premiere Pro CS5的编辑界面，如图6-4所示。

图6-4 Adobe Premiere Pro CS5的编辑界面

05 创建好项目工程后，需要将整理的素材导入到 Project 面板。双击工程面板空白处，如图 6-5 所示。

图6-5 工程面板空白处

06 弹出 Import 对话框，在对话框中进入素材文件夹，选择第一帧素材后，勾选导入框下方的 Numbered Stills（编号序列）复选框，如图 6-6 所示。

图6-6 Import对话框

07 单击【打开】按钮就可以将选择的序列素材导入到Project面板中，如图6-7所示。

08 选择在Project面板中刚导入的序列素材，观察面板上方的素材信息显示，如图6-8所示，如果其中帧率为29.97fps，不是当前选中素材的正确帧率，需要调整。

图6-7 导入素材后的Project面板　图6-8 观察素材信息显示

09 在Project面板中选择刚导入的序列素材，单击鼠标右键，在弹出的快捷菜单中选择Modify中的Interpret Footage（镜头详解）命令，如图6-9所示。

图6-9 选择Interpret Footage命令

10 弹出Interpret Footage对话框，在Frame Rate（帧率）选项组中设置 Assume this frame rate为24fps，即假设帧率为24帧/s，如图6-10所示。

图6-10 修改素材帧率

11 单击【OK】按钮，观察面板上方的素材信息显示，如图6-11所示，其中帧率变为24fps，是当前选中素材正确的帧率，调整结束。

12 双击Project面板空白处，弹出Import对话框，在对话框中进入素材文件夹，按住Ctrl键选择需要的音频文件"glass.wav"和"stone.wav"，如图6-12所示。

图6-11 调整结束后的素材信息

[13] 单击【打开】按钮，把音频素材导入到Project面板中，如图6-13所示。

图6-12 选择音频素材

图6-13 将音频文件导入Project面板

素材全部导入完成后，开始进入剪辑环节。

在Timeline面板中进行音乐素材的剪辑

[14] 在Project面板中选择序列素材"stone_logo0000.tga"，按住鼠标左键将序列素材拖曳至Timeline面板中的Video1轨道中，如图6-14所示，按快捷键+将拖曳至Timeline面板中的序列素材放大显示。

图6-14 将视频素材拖入时间线中

15 在Project面板中选择音频素材"stone.wav"，按住鼠标左键将音频素材拖曳至Timeline面板中的Audio1音轨中，如图6-15所示。

图6-15　将音频素材拖入时间线中

16 在Timeline面板中将时间设置为00:00:03:09，如图6-16所示，时间线标会移动至时间00:00:03:09的位置，这个时间位置为视频素材上玻璃破碎的第一帧。

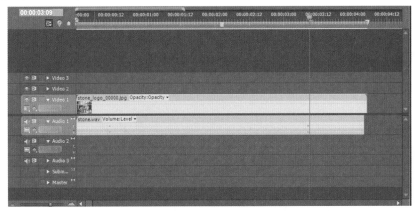

图6-16　设置时间点

17 确认Timeline面板的吸附功能处于激活状态，如图6-17所示。

图6-17　激活时间线面板吸附功能

18 将Project面板中的音频素材"glass.wav"拖入Timeline面板的Audio2音轨中，吸附对齐设置好位置的时间线标，如图6-18所示。

图6-18　吸附时间线标

19 鼠标左键按住时间线标上方的蓝色控制柄，拖曳时间线标至视频素材的最后一帧，如图6-19所示。

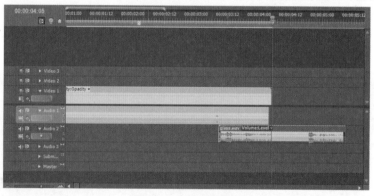

图6-19　移动时间线标

20 按快捷键C激活时间线上的切割工具，在Audio 2音轨中对齐时间线标的位置切割一刀，选中Audio 2音轨中"glass.wav"素材后面的一块，按Delete键删除，如图6-20所示。

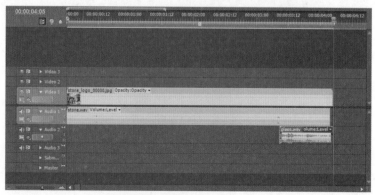

图6-20　删除多余音频部分

21 在Timeline面板的左侧调出Effects面板，选择Audio Transitions（音频转场）> Crossfade（淡入淡出）>Constant Gain（恒定增益）选项，如图6-21所示。

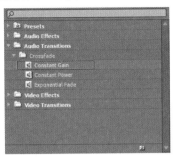

图6-21 恒定增益

22 按住鼠标左键，将恒定增益效果拖至Audio 2音轨中"glass.wav"素材的末端，如图6-22所示。

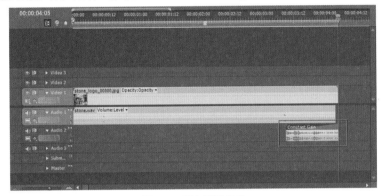

图6-22 增加音频转场

23 将鼠标移动至音频转场最左边，按住鼠标左键往右拖曳18帧，调整音频转场的入点，最后效果如图6-23所示。

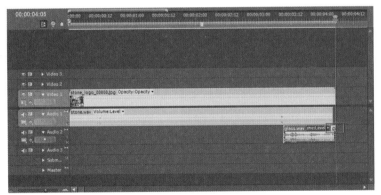

图6-23 调整音频转场入点

至此，这段小龙阿布扔石头的动画音频剪辑工作就完成了，最后输出项目要求的视频文件即可。

知识点拓展

01 Adobe Premiere Pro CS5的音频混合基础

Adobe Premiere Pro CS5的音频混合功能十分强大，包含一个多功能的音频混合器及可以录制音频、编辑音频、添加音效、进行多音轨混音、完成独立立体声或者5.1环绕声的制作；也可以通过与Audition和Soundbooth 的无缝整合，多渠道制作音频；并且可以为复杂的影片进行配音。

在Adobe Premiere Pro CS5中，可以编辑音频、施加音效和多音轨混音，轨道中可以包含各种声道形式。

序列中包含普通音频轨道，可进行分组混音，统一调整音频效果。每个序列还都会包含一个主音频（Master）轨道，相当于调音台的主输出，它汇集所有音频轨道的信号，重新分配输出。

按声道组合形式的不同，音频可以分为单声道（Mono）、立体声（Stereo）和5.1环绕声（5.1Surround）三种类型[a]。无论是普通音频轨道或子混音轨道，以及主音频轨道，均可以设置为这三种声道组合形式，可以随时增加或删除音频轨道，但无法改变已经建立的音频轨道的声音数量。

素材片中的音频、音效与音频轨道的类型必须匹配。

02 音频混合器面板概述

除了可以使用Timeline面板编辑与调整素材之外，Adobe Premiere Pro CS5 还提供了非常实用的Audio Mixer面板（音频混合器面板），能对多轨音频进行实时混合[b]。面板中主要包括轨道区域、控制区域和播放控制区域三大区域，如图6-24所示。

其中，轨道区域主要用于显示时间码和轨道名称[c]，以及设置效果、设置发送等，如图6-25所示。

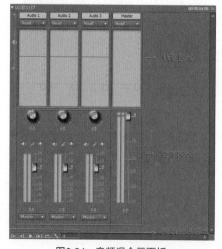

图6-24 音频混合器面板

After Effects

Premiere

图6-25 轨道区域

默认状态下，控制区域主要用于显示所有音频轨道和主控轨道的音量滑块和UV标尺，用来调节音量，并监视输出信号的强弱，如图6-26所示[d]。另外，控制区域还能用于声像平衡控制，以及设置输入和输出轨道等。

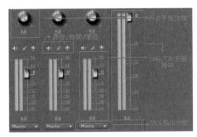

图6-26 控制区域

音频混合面板底部的播放控制用于在音频合成过程中控制预览播放，与节目监视器中的各个按钮不仅功能相同，且除了录音按钮[c]外，全都可以联动。按钮从左到右依次为到入点、到出点、播放/停止、播放入点到出点、循环及录音，如图6-27所示。

图6-27 播放控制

1. 查看音频波形

在Timeline面板的控制区域中，单击轨道名称旁的三角形标记▶，单击展开成▼，在轨道控制区域中单击显示风格按钮▦，在弹出的菜单中选择Show Waveform（显示波形模式）命令，以显示波形[f]，如图6-28所示。

图6-28 时间线上的音频波形

除了可以在Timeline面板上查看音频波形外，在源监视器面板中也可以更为精确直观地预览波形。在项目面板或者Timeline面板中，双击音频素材，在源监视器面板中将其打开，便可以显示其音频波形[g]，如图6-29所示。

🔊 经验

ⓓ在图6-26中，最右边的UV标尺和音量滑块是用来调节主控轨道的。通过主控轨道的音量控制，可以更方便地控制整个影片的声音超标问题。

🔊 经验

ⓒ可以利用音频混合面板上的录音功能直接将音频录制在序列轨道中，使配合节目监视器的制作更方便。

🔊 经验

ⓕ在Adobe Premiere Pro CS5中，可以在编辑混合音频时直接于时间线上查看音频波形作为参考，方便编辑工作。波形反映的是声音振幅的变化，越宽广的部分，音频的音量越大。在Timeline面板和监视器面板中都可以查看音频素材或视频素材中音频部分的波形。

🔒 技巧

ⓖ如果是视频素材，在源监视器面板中将其打开后，在源监视器面板右下角可以切换到音频状态，并可以显示视频素材的音频部分波形。

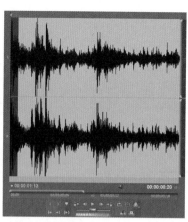

图6-29 源监视器面板中的音频波形

2. 音频处理与转换ⓗ

对导入Adobe Premiere Pro CS5中的视频素材片段可以进行音频提取，将音频从素材片段中提取出来，并在项目中生成新的音频素材片段。所有在源素材片段上对其音频进行的处理操作和效果会全部实施到新提取出来的音频素材片段上。

在项目面板中选择一个或多个包含音频的素材，选择Clip（片段）>Audio Options（声音设置）>Extract Audio（提取音频）命令，对所选择的素材进行音频的提取操作。提取出来的新素材对象以Audio Extracted为名称后缀，如图6-30所示。

图6-30 提取音频

对于已经拖入序列、已经进行剪辑操作的带音频素材，要生成新的提取的音频素材，需要在序列中选择需要提取的音频，通过渲染，生成新的音乐素材片段，并替换原有在序列上剪辑过的素材片段自带的音频。

在序列中选择一个包含音频的素材片段，使用菜单命令Clip>Audio Options > Render And Replace（渲染和替换）对素材的音频进行渲染替换①。

经验

ⓗ在编辑合成音频之前，首先要对素材片段，声道和轨道进行设置，如有需要会做必要的转换和处理，以方便后面音频混合与编辑工作的需要。

注意

ⓗ提取出来的音频文件将作为一个独立的素材存在。在素材上能进行的操作在提取出来的音频素材上同样可以实施。

技巧

ⓗAdobe Premiere Pro CS5的音频提取操作可以理解为从选择的素材中提取音频并直接生成wav的音频文件，文件一般会自动存放在与工程文件所在的文件夹中。在生成的音频素材的属性中可以观察到这一点。

注意

ⓘ进行渲染替换操作的素材，所有在源素材片段上对其音频进行的处理操作和添加的效果都会加到新提取的音频素材上。如果源素材片段已经进行了剪辑，那么新生成的素材片段仅包含源素材中入点和出点之间的部分。

After Effects

Premiere

3. 声道映射

在添加素材到序列或在源监视器面板中进行预览时，可以自定义素材片段中的音频映射到通道和音频轨道的方式。使用源声道映射命令，可以在项目面板中对素材片段施加映射①。

在项目面板中，选择一个或者多个声道格式相同的包含音频的素材片段，鼠标右键菜单命令Modify>Audio Channels...（源通道映射），调出源声道映射对话框，如图6-31所示⑥。在源声道映射对话框中选择一种欲映射的轨道格式，如Mono（单声道）、Stereo（立体声）、Mono as Stereo（单声道作为立体声）或5.1（5.1声道）。

图6-31　源通道映射对话框

单击下方的播放按钮▶①可以对所选轨道进行播放预览，满意后，单击【OK】按钮，即可对素材声道进行映射操作的确认。

4. 声道转换①

需要对一个多声道素材片段的每个声道进行编辑操作时，可以对其进行声道的分离。使用菜单命令Clip> Audio Options>Breakout to Mono（转换成单声道），如图6-32所示，可以将项目面板中选中的多声道素材片段的每一个声道转化成一个单声道素材片段。立体声素材会一分为二，5.1环绕声会分成6个单声道片段。

图6-32　转换为单声道

技巧

① 操作上，可以同时选择多个素材片段施加映射。

注意

⑥ Enable列可以决定是否启用声道。在将素材片段添加到序列中时，只有启用的轨道才会被添加，拖曳声道Track/Channel列的图标到其他源声道，可以颠倒两个源声道的输出声道或轨道。

注意

① 在同时选择多个声道格式相同的包含音频的素材片段的情况下，在调出的源通道映射对话框中，播放按钮为灰色，不能单击，且无法预览。

技巧

⑩ 在进行音频混合编辑前，如果需要进行声道转换，可将源音频素材转化成为编辑制作所需要的声道组合形式。

注意

⑩ 素材片段的声道转换只能在项目面板中进行，转换的声道不会影响电脑中的源文件。

模块 06　小龙阿布动画——音频素材的处理

5. 调节音量和声像平衡 [11]

音量和声像是音频文件的两个基本属性, 在音频混合的过程中, 经常需要对其进行调节和设置。用户可以在不同的面板中设置音频素材的这两个属性。

Gain(增益)通常与素材片段的输入音量有关系, Volume(音量)通常与序列中的素材片段或轨道的输出音量有关系。对于需要设置轨道或者素材片段的音频信号, 可以通过调节增益与音量的级别来实现。

使用菜单命令Clip>Audio Options>Audio Gain(音频增益)打开音频增益对话框, 如图6-33所示, 在该对话框中即可调节所选素材片段音频的增益级别。这个菜单命令与音频混合器面板以及Timeline面板中进行的输入音量设置是相互独立的, 最终的混音输出是一起整合的效果。

图6-33 音频增益窗口

展开Timeline面板的音频轨道, 在控制区域单击显示关键帧按钮 [图标] [12], 如图6-34所示。在弹出的菜单中选择 Show Clip Volume(显示素材音量), 可以对素材片段的音频级别进行调整; 选择 Show Track Volume(显示轨道音量), 可以对轨道的音频级别进行调整。

图6-34 显示关键帧按钮

除了可以在Timeline面板中设置音量外, 在Effect Controls面板中更可以精确直观地控制音量。

在序列中选择需要调节音量的素材片段, 在Effect Controls面板中[13]单击Volume效果旁边的三角形标记, 单击展开属性设置。通过拖动属性滑杆, 或者输入数值, 或者按住鼠标左键拖曳改变Level属性的数值, 都可以自由地调节音量, 如图6-35所示。

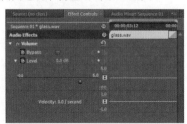

图6-35 Effect Controls面板

轨道的音量级别除了能在Timeline面板中调节以外, 在音频混合面板[14]中通过拖动滑杆或直接输入数值, 或者拖拽数值也能调节, 如图6-36所示。

经验

[11] 需要注意的是, 在进行数字化采样时, 如果素材片段的音频信号设置太低, 在调节增益或者音量上进行放大处理后会产生噪声。这在制作中是要避免的, 所以在数字化采样时, 设置好硬件上的输入级别是必须的。

技巧

[12] 如果需要设置音量随着时间的变化而变化, 可以通过设置关键帧进行自由调节。

技巧

[13] 可以使用菜单命令Window>Effect Controls, 或者按默认快捷键Shift+5调出Effect Controls面板。

经验

[14] 在音频混合面板中不仅能调节单独一轨的音量级别, 还能调节主控制音频轨道的音量级别。

图6-36　在音频混合面板中调节轨道的音量级别

声像指音频在声道中的移动。使用声像，可以在多声道轨道中对声道进行定位。平衡是指在多声道音频轨道之间重新分配声道中的音频信号[r]。

音频轨道中的声道数目和输出轨道声道数目之间的关系决定了是否可以使用轨道的声像或平衡选项。

- 当输出一个单声道音轨到一个立体声或5.1环绕声音轨时，可以进行声像处理。
- 当输出一个立体声音轨到一个立体声或5.1环绕声音轨时，可以进行平衡处理。
- 当输出轨道中包含的声道数少于其他音频轨道时，Adobe Premiere Pro CS5会将其他轨道中的音频素材进行混音，输出为与输出轨道的声道数相同。
- 当一个音频轨道和输出轨道均为单声道或5.1环绕声轨道时，则声像和平衡均不能用，轨道中的声道直接进行匹配[s]。

音频混合器面板提供了声像与平衡控制。

- 当一个单声道或者立体声轨道输出到立体声轨道时，会出现一个圆形旋钮。调节旋钮可以在输出音频的左右声道之间进行声像或者平衡控制，如图6-37所示[t]。
- 当一个单声道或者立体声轨道输出到5.1环绕声轨道时，会出现一个方形控制盘。控制盘可以描述由5.1环绕声所创建的二维音频场。鼠标拖动其中的控制点，可以在5个扬声器位置间进行声像或平衡控制，如图6-38所示。

图6-37　圆形旋钮　　　图6-38　方形控制盘

经验

(r) 默认情况下，所有的音频轨道都输出到序列的主控制音频轨道。每个轨道可能包含与主控轨道数目不同的声道（包括单声道、立体声、5.1环绕声），在从一个轨道向另一个声道数目不同的轨道进行输出前，必须对声道之间的型号分配进行控制平衡。

注意

(s) 为了取得最佳的声像与平衡调节的监听效果，必须确保计算机声卡的每一路输出都与监听声像链接正确，而且监听音箱的空间位置摆放要正确。

经验

(t) 在Timeline面板上，也可以进行声像和平衡的调节设置，而且在Timeline面板中可以以关键帧控制的方式，使得设置效果随时间变化而变化。

在Timeline面板上利用关键帧设置的方式，效果可以更丰富；音频混合器面板中的设置相对而言更直观，操作上更方便。在实际的应用中，Timeline面板与音频混合器面板设置声像和平衡的方式会配合使用，以追求最佳的工作效率与作品质量。

6. 高级混音功能

在从普通音频轨道中对素材片段的音频进行编辑，到最终由主音频轨道进行汇总输出的过程中，可以利用Adobe Premiere Pro CS5的Submix[U]这个中间环节达到简化过程。[V]

使用菜单命令Sequence>Add Tracks调出添加轨道对话框，在其中的子混合轨道栏中输入添加子混合轨道的数量，并在Track Type（轨道类型）下拉列表中选择所需的类型，如图6-39所示。

图6-39　添加轨道

默认状态下，普通音频轨道的输出目标是主混音轨道，在添加了子混音轨道后，可以将普通轨道中的信号先输出到子混音轨道中进行统一处理，再输出到主混音轨道。对于特别复杂的音频混合，可以将子混音轨道中处理好的信号继续输出到其他子混音轨道进行处理，并最终通过主混音轨道汇总输出[W]。

使用菜单命令Window>Audio Mixer，调出音频混合器面板。在发送区域的任意一个下拉列表中选择需要发送的目标混音轨道，如图6-40所示[X]。

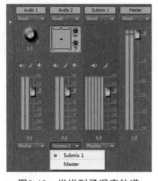

图6-40　发送到子混音轨道

每个轨道可以包含5个Send（发送），发送进场被用来将一个轨道中的信号输出到一个子混音轨道中，以进行效果处理。子混音轨道可以将处理过的信号继续输出到主音频轨道或另一个子音频轨道中，如图6-41所示[Y]。

每个输出都包含一个音量旋钮，以控制发送轨道输出到子混音轨道的信号的比例，如图6-42所示。发送属性控制旋钮设置的值越高，发送影响就越大[2]。

图6-41　发送　　　　图6-42　调节输出参数值

在显示效果和发送控制区域，单击一个发送分配的下拉菜单，除了可以选择发送到某个子混音轨道或主轨道外，还可以新建三种类型的子混音轨道，并进行发送，如图6-43所示[1]。

图6-43　在发送控制区域新建子混音轨道

在添加轨道音效方面，除了可以像对视频素材添加视频效果那样，从Effects面板中为素材片段添加音频效果外，还可以通过施加轨道音效，为轨道中的素材片段统一增加效果。

在音频混合器面板中，单击三角形标记 ▶，显示效果与发送控制区域。单击其中一个效果，在下拉菜单中选择需要的效果，便可为轨道添加效果，如图6-44所示[2]。

图6-44　为轨道添加音频效果

有些效果支持在效果列表中直接双击效果名称，便能调出具体的设置窗口进行设置，如图6-45所示。

技巧

[2]音轨特效和发送的音轨子混合的编辑方法相同，激活要编辑的音轨特效或音轨子混合后，在红框下部的参数调节列表中选择需要调节的参数，再在小红框中调节相应的参数值即可。

音轨特效与音轨子混合的删除方法相同，单击要删除的音轨特效或子混合列表，在下拉菜单中选择None即可。

注意

[1]图6-43中，红框内从上到下依次是Create Mono Submix（创建单声道子混合）、Create Stereo Submix（创建立体声子混合）、Create 5.1 Submix（创建5.1子混合）。

经验

[2]在音频混合器面板中，可以在轨道和发送控制区域设置轨道效果。每个轨道最多可以支持5个轨道效果。Adobe Premiere Pro CS5会按照效果列表的顺序处理效果，改变列表顺序可能改变最终效果。效果列表还能支持完全控制添加的VST效果。在音频混合器面板中施加的效果也可以在Timeline面板中进行预览与编辑。

注意

[2]在Adobe Premiere Pro CS5中，音频特效按声道的不同划分存储，具体的划分存储可以在Effects面板的Audio Effects中找到。如图6-44所示直接在音频混合器面板中对音轨添加音频特效时，下拉菜单的音频特效选项，会自动根据音轨类型不同只显示适用的音频效果。

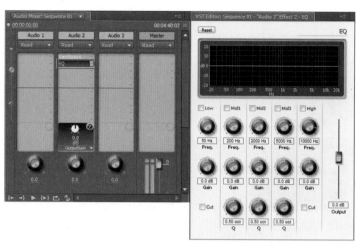

图6-45　双击调出效果设置窗口

如图6-46所示，在音频混合器面板中每个音频轨道最顶部的下拉菜单中都可以设置自动化模式③。

图6-46　自动化模式

● Off：播放时，忽略任何轨道设置；允许在音频混合器面板中进行实时调节预览，但不记录。

● Read：播放时，读取轨道的自动化设置，并使用这些自动化设置控制轨道播放。如果轨道之前没有进行设置，调节任意选项都将对轨道进行统一调整。

● Latch：播放时，将对轨道音频属性进行的调节全部以轨道关键帧的形式进行保存。在开始调节一个属性之前，此属性会沿用前一次设置的数值。

● Touch：播放时，将对轨道音频属性进行的调节全部以轨道关键帧的形式进行保存。在开始调节一个属性之前，此属性会沿用之前设置的数值，并且在不进行调整时，其数值会自动回归到前一次设置的数值。

● Write：播放时，将对轨道音频属性进行的调节全部以轨道关键帧的形式进行保存。

经验

③在播放序列预览时，使用自动化音频控制功能，可以将音量、声像控制、静音操作以及对轨道音频效果的操作实时自动地施加到音频轨道中。

技巧

③在自动化音频控制的过程中，欲使某个属性不受控制的影响，可右击此属性，在弹出的快捷菜单中选择Safe During Write（写保护）命令。

注意

③对于Latch（锁定）、Touch（触动）、Write（写入）这三个模式的操作，调节记录的属性关键帧可以在Timeline面板中显示出来。

独立实践任务（3课时）

任务二　小龙阿布的动画制作音频剪辑

任务背景

依照任务一的范例，制作小龙阿布其他动画的音频剪辑。

任务要求

根据小龙阿布动画视频素材中小龙阿布的动作与口型寻找类似的声音素材。

参考任务一的范例，在Adobe Premiere Pro CS5中建立合适的项目工程。

按照小龙阿布的动作与口型，在Adobe Premiere Pro CS5中进行音频素材的剪辑。

【技术要领】新建适合动画视频素材的Adobe Premiere Pro CS5项目工程，并进行音乐素材的剪辑制作。

【解决问题】为可爱的小龙阿布配上合适的声音，让小龙阿布的动画变得更鲜活。

【素材来源】光盘\模块06 \素材\ other。

【最终效果】光盘\模块06 \效果参考\ other。

任务分析

_____
_____
_____
_____

主要制作步骤

_____
_____
_____
_____

课后作业

1. 填空题

（1）按声道组合形式的不同，音频可以分为_____、_____和_____三种类型。

（2）音频文件的两个比较基本的属性是_____和_____，在音频混合的过程中，经常需要进行调节和设置。

2. 单项选择题

（1）对导入Adobe Premiere Pro CS5中的视频素材片段进行音频提取的菜单命令是Clip>Audio Options>（　　　　）。

　　A. Source Channel Mappings

　　B. Render And Replace

　　C. Breakout to Mono

　　D. Audio Gain

（2）下列对于轨道声像或平衡处理的说法错误的是（　　　　）。

　　A. 当输出一个单声道音轨到一个立体声或5.1环绕声音轨时，可以进行声像处理

　　B. 当输出一个立体声音轨到一个立体声或5.1环绕声音轨时，可以进行平衡处理

　　C. 当输出轨道中包含的声道数少于其他音频轨道时，Adobe Premiere Pro CS5会将其他轨道中的音频素材进行混音，输出为与输出轨道的声道数相同

　　D. 当一个音频轨道和输出轨道均为单声道或5.1环绕声轨道时，声像和平衡均可用轨道中的声道直接进行匹配

3. 多项选择题

（　　　　）属于按照轨道在混音流程中的作用划分的分类。

　　A. 普通音频轨道

　　B. 单声道（Mono）轨道

　　C. 子混音（Submix）轨道

　　D. 主混音（Master）轨道

4. 简答题

概述轨道与声道的概念，并说明两者的不同之处。

模块

小龙阿布动画
——字幕的创建

能力目标
根据实际项目需要对影片作品进行字幕创建

专业知识目标
1.了解字幕的作用
2.了解字幕安全区域与动作安全区域

软件知识目标
1.掌握处理字幕时涉及的选择
2.掌握处理字幕风格的方法
3. 掌握Title Designer[01]的相关特性和功能

课时安排
6课时（讲课3课时，实践3课时）

任务参考效果图

模拟制作任务（3课时）

任务一　　创建小龙阿布的字幕

任务背景

三维动画连续剧《小龙阿布》是国家立项的，杭州汉唐影视动漫有限公司创作的一部52集三维高清原创动画电视连续剧。

本任务要将连续剧《小龙阿布》第一集的语音内容以字幕方式显示，帮助观众理解节目内容。

任务要求

提供连续剧《小龙阿布》语音内容的对白，要将语音在合适的位置匹配合适的字幕。字幕风格与影片相符。

播出平台：电视

制式：PAL

本案例的重点和难点

根据连续剧《小龙阿布》的语音在合适的位置匹配合适的字幕，字幕的出入点要和配音对白的出入点同步；字幕的风格要与影片相符。

【技术要领】字幕安全框的设置。

【解决问题】利用快捷键，剪辑更快捷。

【应用领域】创建字幕。

【素材来源】光盘\模块07\素材\abu01_logo.mpg。

【最终效果】光盘\模块07\效果参考\abu01_logo_title.flv。

操作步骤详解

创建并设置项目工程

01 启动Adobe Premiere Pro CS5，弹出如图7-1所示的窗口。

02 单击【New Project】按钮，弹出New Project对话框。在General选项卡的Name文本框中输入abu01；Location下拉列表框中显示了新项目工程的存储路径，单击【Browse】按钮可改变新项目工程的存储路径，设置完成后单击【OK】按钮，如图7-2所示。

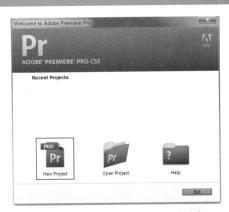

图7-1　Adobe Premiere Pro CS5的启动窗口

图7-2 新建项目工程

图7-3 DV-PAL预设

03 弹出New Sequence对话框，在Sequence Presets（序列预设）选项卡中选择DV-PAL下的Standard 48kHz预设，如图7-3所示。

04 切换到General选项卡，设置Fields为No Fields (Progressive Scan)无场逐行扫描，如图7-4所示。设置完成后单击【OK】按钮，进入Adobe Premiere Pro CS5的编辑界面，如图7-5所示。

图7-4 设置为无场逐行扫描

图7-5 Adobe Premiere CS4的编辑界面

导入素材

05 创建好项目工程后，需要将整理的素材导入到Project面板。双击工程面板空白处，弹出Import对话框，进入素材文件夹，如图7-6所示。

图7-6　Import对话框

06 单击【打开】按钮，将选择的序列素材导入到Project面板，如图7-7所示。

图7-7　导入素材后的Project面板

07 素材导入完成后，将素材拖入Timeline面板中，开始字幕创建。

创建新字幕[02]

08 选择 File>New>Title 命令，如图7-8所示。

图7-8　创建字幕命令

09 弹出New Title窗口，设置Timebase为25.00fps，如图7-9所示。

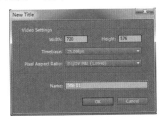

图7-9　新字幕窗口

10 单击【OK】按钮调出Title Designer（字幕设计）面板[03]，如图7-10所示。

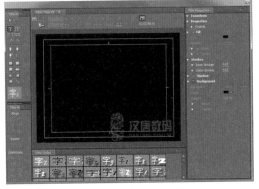

图7-10　Title Designer 面板

11 在Timeline面板中调整时间到影片中的语音对白处，如图7-11所示。

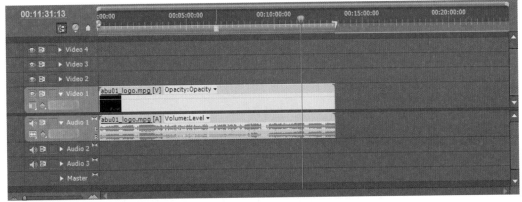

图7-11　移动时间到对白处

12 在Title Designer面板中确认激活面板上方的"显示背景视频"按钮，序列所在当前帧的画面便会出现在面板的绘制区域中，作为背景显示，如图7-12所示。

图7-12　背景显示

13 在Title Designer面板的弹出式菜单中确认Safe Title Margin（安全字幕区域）与Safe Action Margin（安全动作区域）被激活，如图7-13所示。内部的白色线框是安全字幕区域，外部的白色线框是安全动作区域[04]。

图7-13　确认安全框显示

14 选择字幕工具框中的文本工具 [05]，在绘制区域的字幕安全区域中单击欲开始输入文字的开始点，出现闪动光标后，输入文字"啊，跑了"，如图7-14所示。

图7-14　输入文本

15 设置Font Family为所需要的SimSun字体，Font Size（字体大小）设置为30[06]，如图7-15所示。

图7-15　设置字体与大小

16 利用对齐中心按钮以及选择工具按钮调整字幕的位置，如图7-16所示。

图7-16　调整字幕位置

17 使用选择工具单击文本框外的任意一点，完成输入。回到Timeline面板，将创建的字幕素材拖入时间线对应语音对白的时间点，设置时间入点与出点，如图7-17所示。

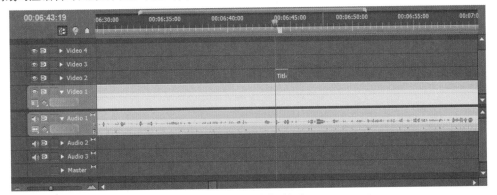

图7-17　设置字幕时间点

18 如图7-18所示，创建的字幕存入素材库中[07]。至此，小龙阿布中一句对白的字幕即创建成功。

图7-19 创建的字幕素材

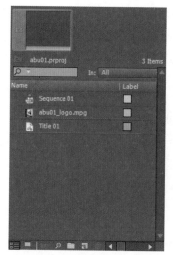
图7-18 创建的字幕素材

19 继续创建新的字幕，可以依照上述方法重复操作，也可双击Project工程面板中的Title 01文字素材，弹出Title Designer（字幕设计）对话框，如图7-19所示，单击此处确认创建新的Title 02文件素材。

20 接着单击【Type Tool】按钮，将之前Title 01的文字去掉，打上新的文字，如图7-20所示。

图7-20 创建新的字幕

21 再将Project面板中的Title 02的文字素材，拖到时间线对应语音对白的时间点，设置时间入点与出点，如图7-21所示。就这样可依次将其他文字也打出。

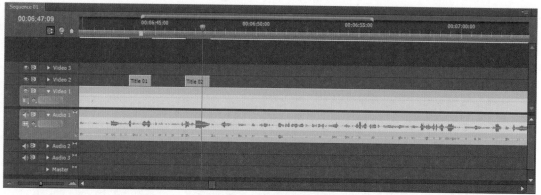
图7-21 设置字幕时间点

知识点拓展

01 Title Designer与字幕

Title Designer是Adobe Premiere Pro CS5中生成字幕[a]的主要工具，包括字幕工具（Title Tools）、字幕主面板（Title Main Panel）、字幕属性(Title Properties)、字幕动作(Title Ations)和字幕样式模板(Title Styles)等相关面板，其中，字幕主面板提供了主要的绘制区域。如图7-22所示。

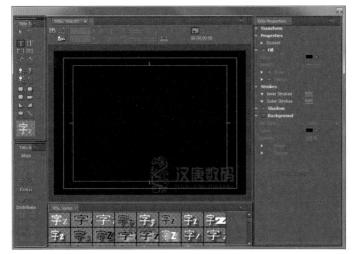

图7-22　Title Designer布局

02 创建新字幕的方式

除了可以使用菜单命令"File>New>Title"调出New Title对话框，另外还有以下几种方式可以新建一个字幕：

选择Title>New Title>Default Still命令，如图7-23所示；按快捷键Ctrl+T[b]。

在Project面板下方单击"新建"按钮 ，选择Title命令，如图7-24所示。

图7-23　新建字幕菜单　　　图7-24　新建字幕

03 字幕模板

Adobe Premiere Pro CS5内置了大量字幕模板，可以快捷地设计字幕[c]，以满足各种影片或电视节目的制作需求。字幕中可能包含图片和文本，用户可以根据节目制作的实际需求[d]，对其中的元素进行修改ⓔ；还可以将自制的字幕存储为模板ⓕ，随时调用，极大地提高工作效率ⓖ。

04 字幕安全区域与动作安全区域

由于电视溢出扫描的技术原因，电视节目在最终输出时有一小部分的图像会被切掉。字幕安全区域与动作安全区域ⓗ是指信号输出到电视时安全可视的部分，是一种参照，对应的就是字幕安全框与动作安全框。

安全区域的设置是可以改动的，根据使用设备的特点，会相对应地更改安全区域的范围。使用菜单命令“Project>Project Seting>General”调出Project Setting对话框，在安全设置部分输入新的数值后，单击【OK】按钮即可完成更改，如图7-25所示ⓘ。

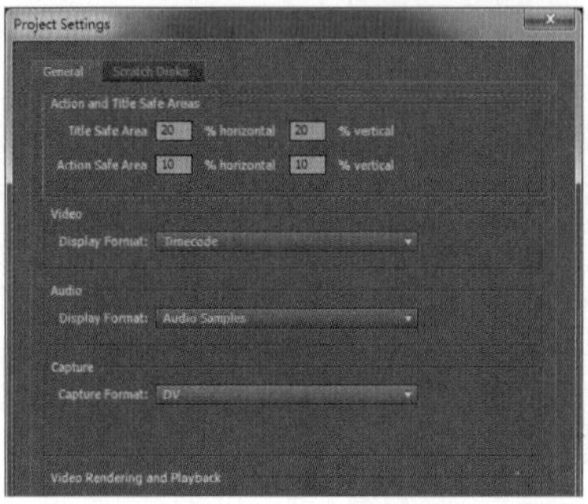

图7-25　自定义安全区域范围

05 文本工具

Title Designer内置了6种文本工具，包括文本工具、垂直文本工具、区域文本工具、垂直区域文本工具、路径文本工具和垂直路径文本工具，使用这六种文本工具可以输入对应的所需文本类型。如图7-26所示。

图7-26　利用文本工具

经验

ⓔ在使用字幕模板时，可以不用太理会参数项，单击字幕模板中某一个预置的字幕效果，此时选择的对象就会自动应用。使用中非常直观。

经验

ⓕ如果经常使用某种自定义文字效果，可以编辑好后将效果保存到模板库中，方便后面调用。

经验

ⓖ使用菜单命令“Title>Templates”调出模板对话框，单击模板菜单按钮，选择“Save（当前字幕名称）As Template”即可将当前字幕存储为模板。

经验

ⓗ在我国，电视字幕都应尽量放到字幕安全区域以内，电视视频画面中的重要画面元素也应该尽量在动作安全区域中。

注意

ⓘ如果制作的节目是用于网络发布的视频流媒体或使用数字介质播出，则无须考虑安全区域，因为输出到此类载体时，不会发生画面残缺的现象。

1. 输入无框架文本

选择字幕工具栏中的文本工具或垂直文本工具，在绘制区域单击欲输入文字的开始点，出现一闪动光标，随即输入文字。输入完毕后，使用选择工具单击文本框外的任意一点，结束输入。

2. 输入区域文本①

选择字幕工具栏中的区域文本工具或垂直区域文本工具，在绘制区域中使用鼠标拖曳的方式绘制文本框，在文本框的开始位置出现一个闪动光标，随即在文本框内输入文字，文字到达文本框边界时自动换行。输入完毕后，使用选择工具单击文本框外任意一点，结束输入，效果如图7-27所示。

图7-27　区域文本

3. 输入路径文本

选择字幕工具栏中的路径文本工具或垂直路径文本工具，在绘制区域像使用钢笔工具绘制曲线一样绘制一条路径⑯。绘制完毕后，按住Ctrl键切换为选择工具，选中曲线路径，在路径的开始位置，出现一个闪动光标；松开Ctrl键，输入文字。输入完毕后，使用选择工具单击文本框外的任意一点，结束输入，效果如图7-28所示。

图7-28　路径文本

注意

①使用鼠标拖曳修改缩放区域文本大小，仅对文本框的尺寸进行缩放，并不影响其中文本的大小。这是区域文本与无框架文本的重大区别之一。

技巧

⑯利用文本工具区域下方的钢笔工具，可以自由地调节绘制的曲线形状。

Title Designer的文本处理功能十分强大，可以随意编辑文本，并对文本的字体、字体风格、文本对齐模式等进行设置。

1. 选择与编辑文本

使用选择工具双击文本中欲进行编辑的点，选择工具自动转换为相应的文本工具，插入点出现光标。用鼠标单击字符的间隙或使用左右箭头键，可以移动或插入点位置。从插入点拖曳鼠标，可以选择单个或连续的字符，被选中的字符会高亮显示，如图7-29所示。可以在插入点继续输入文本，或使用Delete键删除选中的文本，还可以使用各种手段对选中的文本进行设置①。

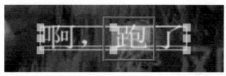

图7-29 高亮显示文本

2. 变换字体⑩

选中欲更改字体的文本，选择Title>Font命令，在弹出的字体列表中选择所需的字体，如图7-30所示。

图7-30 字体菜单

还可以单击Title Designer面板顶部的"字体"下拉列表⑪和"字体风格"下拉列表或字幕属性面板中的字体家族（Font Family）属性和字体风格（Font Style）属性后面的两个下拉列表，在其中对比选择所需的字体及其风格，如图7-31所示。

技巧

①对同一段文本中的不同字，可以进行不同编辑，自由度很大。

技巧

⑩任何时候都可以对文本中使用的字体进行变换，通过内置的字体列表，可以对比多种字体进行变换。

After Effects

Premiere

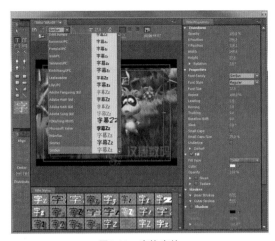

图7-31　变换字体

图7-32　设置显示的字体样本

3. 改变文本方向

　　使用不同的文本工具可以输入水平或垂直的文本,而且还可以根据需要随时对其进行转换。使用菜单命令"Title>Orientation>Horizontal/Vertical"可以在垂直和水平字幕间进行转换[⑥]。

4. 设置文本属性

　　在字幕中选择对象,对象的属性[⑫]（尺寸、颜色等）会在字幕属性Title Properties面板中列出,如图7-34所示。在面板中直接调整数值,可以相应地改变对象的属性。

图7-34　文本属性

注意

　　[⑪]默认状态下,字体列表中显示的字体样本为"AaegZz",可以在Perferences（首选项）对话框的字幕设计器（Titler）部分中将显示的字体样本更改为其他6个区分大小写的字母,如图7-32所示;修改后的效果如图7-33所示。

图7-33　修改后的字体样本

技巧

　　[⑩]除了与其他对象同样的属性外,文本对象还拥有一系列独特的属性,例如行距（Leading）和字间距（Kerning）等,如图7-31所示。

技巧

　　[⑫]熟悉并掌握字幕调板的各项属性参数,是制作复杂美观的字幕的基础,一些属性参数项,需要实际运用才能吸收与掌握。

字幕属性面板⑨中并没有完全列出文本的所有属性⑦，字幕菜单中也包含了一些文本属性，如下所述。

（1）Font Family

字体家族，设置所选文字的字体类别。

（2）Font Style

字体风格，设置所选文字字体的具体风格。

（3）Font Size

字体尺寸，设置文本字体的尺寸，单位为扫描线。

（4）Aspect

宽高比，文本宽度与高度的比值，用于调节文字本身的比例。数值小于100%时，文字瘦长；大于100%时，文字扁宽。

（5）Leading

行距，规定多行文本的行间距离。对于水平文本，是从上一行基线到下一行基线的距离；而对于垂直文本，则是从前一行中心线到下一行中心线的距离。

（6）Kerning

字间距，设置字符之间的距离。将光标插入到欲调节间距的字符之间，或选择欲调节的范围，可以通过改变参数调节其字间距。

（7）Tracking

跟踪，设置一个范围内字符的间距，跟踪的方向取决于本文的对齐方式。

（8）Baseline Shift⑤

基线偏移，设置字符与基线之间的距离。通过调节，可以使文本上升或者下降，从而创建出上标或下标。

（9）Slant

倾斜，设置文本倾斜的角度。

（10）Small Caps

大写显示，用大写字母代替小写字母进行显示。

（11）Small Caps Size

大写显示尺寸，设置大写代替小写字母进行显示的字符的大小。

（12）Underline⑥

下划线，勾选激活此项可在文本下方产生下划线。

07 字幕素材

当字幕创建之后，会自动添加到Project面板的当前文件夹中，字幕会作为项目的一部分被保存起来。

使用菜单命令"File>Export>Title"，可以将字幕输出为独立于项目的字幕文件，文件格式为"*.Prtl"。用户可以像导入其他素材⑩一样，随时随需地进行导入。

任务二　　为小龙阿布的片头创建字幕

任务背景

依照任务一的范例，制作小龙阿布主题歌的字幕。

任务要求

根据小龙阿布的主题歌歌词，制作字幕。

【技术要领】新建适合动画视频素材的Adobe Premiere Pro CS5项目工程，并进行字幕创建。

【解决问题】为小龙阿布的动感主题歌配上字幕。

【素材来源】光盘\模块07\素材\阿布片头。

【最终效果】无。

任务分析

_____
_____
_____
_____

主要制作步骤

_____
_____
_____
_____

课后作业

1. 填空题

（1）按文本类型不同，Title Designer可以输入_____文本、_____文本和_____文本3种类型。

（2）在TitleDesigner面板的绘制区域，所有的字幕应该尽量放在字幕安全区域_____。

2. 单项选择题

（1）在创建路径字幕时，需要运用钢笔工具。钢笔工具面板默认情况下位于Title Designer面板的（　　　　）中。

　　A. 字幕工具面板

　　B. 字幕动作面板

　　C. 字幕样式面板

　　D. 字幕属性面板

（2）对于字幕属性的理解，下列说法错误的是（　　　　）。

　　A. Font Style设置所选文字字体的具体风格

　　B. Kerning设置字符之间的距离

　　C. Aspect用于调节文字本身的比例

　　D. Underline可以对所有文本类型产生下划线

3. 多项选择题

在Adobe Premiere Pro CS5中，以下关于操作"字幕设计器（Adobe Title Designer）"，描述正确的是（　　　　）。

　　A. 可以在字幕设计器中制作路径文字

　　B. 字幕设计器提供了多种现成的字幕模板

　　C. 在字幕设计器中，可以选择显示或隐藏安全区域

　　D. 在字幕设计器中，可以通过导入命令将纯文本文件导入，作为字幕内容

4. 简答题

简述字幕安全区域以及动作安全区域的作用。

模块

杭州滨江区形象片
——影片的格式与输出

能力目标

1．掌握利用Adobe Premiere Pro CS5进行视频输出的方法

2．掌握利用Adobe Premiere Pro CS5进行音频输出的方法

3．掌握利用Adobe Premiere Pro CS5进行单帧输出的方法

4．掌握利用Adobe Premiere Pro CS5进行图片序列输出的方法

专业知识目标

了解常用的视频、音频、图片格式

软件知识目标

输出的基本方法

课时安排

6课时（讲课4课时，实践2课时）

After Effects

Premiere

模拟制作任务

任务一　视频文件输出（2课时）

任务要求

光盘\模块08\素材\杭州滨江区形象片宣传片.mpg

播出平台：多媒体、央视及地方电视台

制式：PAL

输出格式：Quicktime

任务分析

视频的输出是视频影片的最后一个环节，也是整个视频制作中非常重要的一个环节。在渲染视频输出时，须根据不同的播放平台设置不同的输出格式与参数。

影片在Adobe Premiere Pro CS5中编辑完成后，就需要对制作的画面进行输出。在Adobe Premiere Pro CS5中编辑完成的影视片只能在Adobe Premiere Pro CS5的平台中进行预览，不能在电视、电脑、磁带等播放平台上进行播放，输出也就是将编辑完成的影片，导出成可以在各个平台上播放的视频格式的过程。此例将介绍在Adobe Premiere Pro CS5中进行影片输出的基本操作方法。

➡ 本案例的重点和难点

选择哪个视频格式进行输出。

【技术要领】选择适合的输出格式。

【解决问题】转场特效的持续时间设置需要根据影片的节奏、镜头的长度和音乐的配合进行。

【应用领域】影视后期。

【素材来源】光盘\模块08\素材\杭州滨江区形象片宣传片.mpg。

【最终效果】光盘\模块08\效果参考\杭州滨江区形象片宣传片.flv。

⬇ 操作步骤详解

选择输出命令

在数字制作中，常用的视频格式[01]主要有AVI、QuickTime、AVI、MPEG及WMV等，这些视频格式也是在制作中经常用到的格式。

01 首先在时间线上编辑视频素材（根据不同影片要求的需要对素材进行剪辑，这个内容在之前的章节中已经详细介绍，本章节主要说明视频的输出，所以不作详细介绍），然后在要进行输出的Timeline面板任何位置单击鼠标左键，激活当前时间线的Sequence，如图8-1所示。

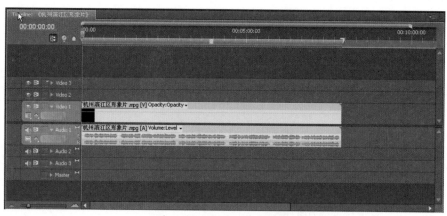

图8-1　激活需要输出的时间线

02 选择File>Export>Media命令，如图8-2所示，打开Export Setting（输出设置）对话框。

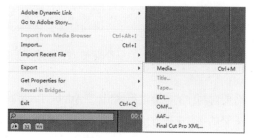

图8-2　执行输出命令

设置输出格式与参数

03 选择Media命令后，弹出Export Setting对话框，可对视频输出进行相应的设置，如图8-3所示。

- 将Format选项改为QuickTime视频格式。
- 修改Preset预设，使其与源序列设置相匹配，在本例中选择PAL DV。
- 将Output Name（输出名字）设置成想要的路径和文件名。如"E:\Sequence01.Mov"。
- 同时勾选Export Video和Export Audio复选框，既导出图像，也导出声音。当单独选择任意一个时，只能导出声音或者视频格式。

图8-3　视频素材的输出设置

04 切换到Video选项卡，对画面的制式和质量进行相应的调整，将Video Codec选项设置为DV-PAL制，如图8-4所示。

图8-4　Video选项卡的输出设置

05 切换到Audio选项卡，对声音的压缩模式 02、速率等参数进行调整。将Audio Codec设置为Uncompressed（无压缩格式），Sample Rate（采样率）设置为48000Hz， Channels（通道）设置为Stereo（立体声），Sample Type（采样类型）设置为16 bit，如图8-5所示。

图8-5　Audio选项卡的输出设置

Adobe Premiere Pro CS5的Export settings中提供了快速渲染输出

06 在输出设置完成之后，单击Export Setting对话框的【Export】按钮，便能快速渲染输出，如图8-6所示。

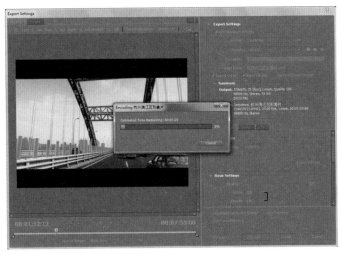

图8-6　快速渲染输出

Export Settings 中的 Metadata 的元数据导出的设置

07 Adobe Premiere Pro CS5版本在输出设置 Export Settings对话框多了一个Metadata按钮,是对元数据导出的设置,如图8-7所示。

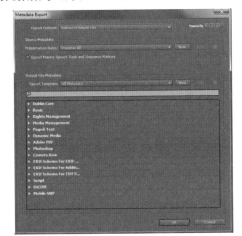

图8-7　元数据导出的设置

添加到Adobe Media Encoder进行输出

08 当然也可在输出设置完成之后,单击Export Settings对话框的【Queue】按钮,如图8-8所示,进入Adobe Media Encoder CS5输出界面,单击【开始列队】按钮即可开始画面渲染输出,如图8-9所示。

09 之后开始自动列队后完成输出,(Adobe Media Encoder CS5里,新增加了2分钟后,开始自动列队的预设,并且每更改队列的设置,时间也重新由2分钟开始倒数计时。)如图8-10所示是Adobe Media Encoder CS5素材输出成功的效果。输出完

成后将在"D:/杭州滨江区形象片"这个路径查找到此文件即可播放。

图8-8　完成设置

图8-9　Adobe Media Encoder输出界面

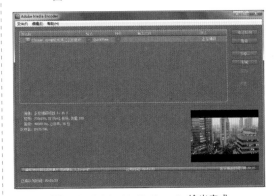

图8-10　Adobe Media Encoder输出完成

模拟制作任务

任务二　音频文件输出（2课时）

任务背景

本任务会将杭州滨江区形象片的音频[03]进行单独输出，在宣传片制作时经常会在Adobe Premiere Pro CS5中先对影片的声音进行编辑，然后将声音进行导出。在合成影片时，视频画面根据音频的节奏进行剪辑。所以在对音频文件进行处理完成之后，必须将它进行输出，形成可以在播放器上进行播放的文件格式。

任务要求

将杭州滨江区形象片的音频文件进行输出。

播出平台：多媒体、央视及地方电视台

制式：PAL

任务分析

在输出时需要对输出的音频格式进行选择，Adobe Premiere Pro CS5可以输出多种音频格式，在制作中需要选择既能保证音频质量又能在大多数播放器上进行播放的音频文件。

➡ 本案例的重点和难点

音频的输出设置，音频格式的选择。

【技术要领】音频输出设置。

【解决问题】输出到不同的平台须运用不同的设置。

【应用领域】影视后期。

【素材来源】光盘\模块08\素材\杭州滨江区形象片.mpg。

【最终效果】无。

⬇ 操作步骤详解

选择输出命令

01 首先在时间线上编辑音频素材。在要进行输出的时间线窗口任何位置单击鼠标左键，激活当前时间线的Sequence，如图8-11所示。

02 选择File>Export>Media命令，如图8-12所示，打开Export Setting对话框。

图8-11 激活需要输出的时间线

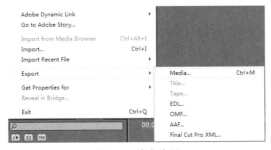

图8-12 输出选项

设置输出格式与参数

03 选择Media命令后，弹出Export Setting对话框，对音频输出进行相应的设置，如图8-13所示。

图8-13 视频素材的输出设置

- 将Format选项改为Windows Waveform格式。
- 修改 Preset 预设，使其与源序列设置相匹配，本例中选择 Windows Waveform 48kHz 16-Bit。
- 将Output Name设置为想要的路径和文件名。如"D:\《杭州滨江区形象片》.wav"。
- 勾选Export Audio复选框，单独选择任意一个时只能导出声音或者视频格式。

04 切换到Audio选项卡，对声音的压缩模式、速率等参数进行调整。将Audio Codec设置为Uncompressed，Sample Rate设置为48000Hz，Channels设置为Stereo，Sample Type设置为16 bit，如图8-14所示。

图8-14 Audio选项卡的输出设置

添加到Adobe Media Encoder进行输出

05 单击Export Setting对话框的【Queue】按钮，如图8-15所示。进入Adobe Media Encoder CS5输出界面，单击【开始列队】按钮即可开始画面渲染输出，如图8-16所示。

图8-15 完成设置

图8-16 Adobe Media Encoder输出界面

当输出完成后将在"D:/杭州滨江区形象片"这个路径查找到此文件。如图8-17所示是Adobe Media Encoder CS5素材输出成功的效果。

图8-17 Adobe Media Encoder成功导出

01 视频格式

按功能能划分,视频格式主要分为两大类。一是本地播放的视频,这类格式由于具有播放稳定性,因此在画质上可以做到比较完满;二是用于网络播放的流媒体视频,由于该类视频首要需求为即时性,又受到带宽等不可控因素的限制,因此在稳定性和画质上可能不如前者。但由于网络流媒体格式视频的广泛传播,使之被广泛应用于视频点播、网络演示、远程教育和网络视频广告等互联网信息服务领域。

1. 视频文件格式

从制作角度而言,常用的视频文件格式,包括以下几种。

（1）WMV

由于PC机的普及,WMV格式也随之普及开来。由于其编码精度和算法的改进,WMV正被越来越多地用在制作过程的交互中。WMV原本是一种基于Internet上实时传播的独立编码技术标准,但微软公司希望用其取代QuickTime之类的技术标准。其主要优点在于可扩充的媒体类型、本地或网络回放、可伸缩的媒体类型、流的优先级化、多语言支持及扩展性等。

（2）MPG / MPEG

MPG又称MPEG（Motion Picture Experts Group）。这是一个庞大的家族,从MPG1开始,已经出到了十几代编码,但是,目前常用的格式为MPEG-2和MPEG-4。以前被广泛用于VCD制作标准的MPEG-1格式已很少被使用。而基于DVD标准的MPEG-2由于高清的普及,画质要求同比增高,也在逐渐被淘汰,其优势在于目前的通用性上。使用 MPEG-2的压缩算法压缩可以将一部 120 min长的电影压缩到 5～8 GB的大小,但目前比较理想、较符合常用要求的格式为MPEG-4。由于MPEG-1和MPEG-2的压缩技术,不符合流媒体特性,无法在网络上做大面积的传播用途,因此MPEG-4诞生了。它不再采用单帧压缩的方式,而是先将画面上的静态对象统一制定规范标准——如文字、背景、图形等,然后再以动态对象做基础,将画面压缩,务求以最少数据获得最佳的画质。由于这一特性,同数据量的MP4可能较MP1、MP2达到更好的传播效果,这一格式正有逐渐取代其前辈的可能。MPEG-7(它的命名由来是1+2+4=7) 已非一种压缩编码方法,其正规的名字叫做“多媒体内容描述接口”,其目的是生成一种用来描述多媒体内容的标准,这个标准将对信息含义的解释提供一定的自由度,可以被传送给设备和电脑程序,或者被设备或电脑程序查取。

（3）AVI

音频视频交错（Audio Video Interleaved, AVI）是由微软公司发表的视频格式,调用方便,图像质量好,但缺点是文件体积过于庞大,压缩标准不统一,这导致了一系列的兼容问题。比如,最普遍的现象就是高版本Windows媒体播放器播放不了采用早期编码编辑的AVI格式视频,而低版本Windows媒体播放器又播放不了采用最新编码编辑的AVI格式视频,所以当播放AVI时,常会出现由于编码问题而造成的不能播放,或即使能播放,也存在不能调节播放进度或只有声音没有图像等一些莫名其妙的问题,如果用户在进行AVI格式的视频播放时遇到了这些问题,可以通过下载相应的解码器来解决。

（4）QuickTime

QuickTime（MOV）是苹果公司创立的一种视频格式,在很长的一段时间里,它都是只在苹果公司的

Mac机上存在，后来才发展到支持 Windows平台。但是，它无论是在本地播放还是作为视频流格式在网上传播，都是一种优良的视频编码格式。QuickTime提供了两种标准图像和数字视频格式，可以支持静态的*.PIC和*.JPG图像格式，动态的基于Indeo压缩法的*.MOV和基于MPEG压缩法的*.MPG视频格式。

（5）P2 Movie

P2 Movie格式是松下公司开发的固态视频录制格式。用于摄像机/录像机的可移动式固态存储媒介及P2卡。P2卡的记录方式与数码相机使用存储卡的方式相同——将素材作为计算机文件保存起来。与其他记录方式不同的是，P2是将拍摄素材作为计算机数据文件而非"视频数据"。其优点在于支持即时编辑，并可直接传输到其他计算机存储媒介中，不需要专门的视频控制台或实时传输工具。因为P2卡采用通用的MXF数据文件进行录制，所以经过适当配置的Windows和Mac电脑都可立即使用。有了P2卡，便不再需要磁带录像机，不再需要专门的视频硬件来读取或传输录像机中的内容，而且不再需要对拍摄素材进行"捕捉"或"数字化"。P2技术的进步，使存储卡的容量从2GB提高到64GB，同时价格下降，获得高达1.2 Gbps的传输速度，并推出越来越强大的编解码器，如顶级质量的10位4.2.2 AVC-Intra编解码器以及最近开发的AVC-Ultra编解码器，后者是一个全新的压缩平台，能够实现4K 4:4:4的质量，同时比特率较低，能够处理主流的专业视频应用。

以下为不太常见的几种视频格式。

（1）ASF

ASF （Advanced Streaming Format, 高级流格式）是微软为了和Real Player 竞争而发展出来的流媒体压缩格式。ASF使用了MPEG-4的压缩算法，压缩率和图像的质量都很不错。其画质在VCD与RAM之间。

（2）n AVI

虽然名字中带有AVI，但这种格式与真正的AVI在本质上没有关系。n AVI是 New AVI 的缩写，是由Shadow Realm开发的一种新的流媒体视频格式。它将微软的ASF 压缩算法进行修改，追求压缩率和图像质量，改善了原始的 ASF 格式的一些不足，让n AVI 可以拥有更高的帧频率，是一种去掉了视频流特性的改良型 ASF 格式。

（3）3GP

3GP是一种3G流媒体的视频编码格式，主要是为了配合3G网络的高传输速度而开发的，是目前手机中最常见的一种视频格式。简单地说，该格式是"第三代合作伙伴项目"（3GPP）制定的一种多媒体标准，使用户能使用手机享受高质量的视频、音频等多媒体内容。其核心由包括高级音频编码 （AAC）、自适应多速率（AMR） 、MPEG-4 和 H.263视频编码解码器等组成，目前大部分支持视频拍摄的手机都支持3GP格式的视频播放。

（4）REAL VIDEO

REAL VIDEO （RA、RAM、RMVB）格式一开始的定位就是视频流应用方面，也可以说是视频流技术的始创者。它可以在用 56K Modem 拨号上网的条件实现不间断的视频播放，当然，其图像质量和MPEG2、DIVX 等相比是不敢恭维的。毕竟要实现在网上传输不间断的视频是需要很大频宽的，在这方面是ASF的有力竞争者。

（5）MKV

这种文件频频出现于网络，是一种开放的封装格式。它可在一个文件中集成多条不同类型的音轨和字幕轨，而且其视频编码的自由度也非常大，可以是常见的 Divx、Xvid、3IVX，甚至可以是 Realvideo、QuickTime、WMV 这类流式视频。实际上，它的全称为Matroska，这种先进的、开放的封装格式已经展示出非常好的应用前景。

（6）DIVX

DIVX 视频编码技术可以说是一种对 DVD 造成威胁的新生视频压缩格式（有人说它是 DVD 杀手），它由 Microsoft Mpeg4v3 修改而得来，使用的是MPEG-4 压缩算法，但MPEG-4不等同于DIVX。同时也可以说它是为了打破 ASF 的种种协定而发展出来的。

（7）FLV

FLV流媒体格式是一种新的视频格式，全称为Flash Video。由于它形成的文件极小，加载速度极快，使得网络观看视频文件成为可能，它的出现有效地解决了视频文件导入Flash后致使导出的SWF文件体积庞大，不能在网络上很好地使用等缺点。

（8）DPX

DPX（Digital Picture Exchange）是一种主要用于电影制作的格式。DPX是电影电视工程师协会（SMPTE）在柯达（Kodak）公司开发的Cineon文件格式的基础之上，增加了一系列头文件信息（Header Information）而形成的一种红绿蓝位图（Bitmap）文件格式，用于存储和表达运动图像或视频的每一幅完整帧，其扩展名为“.dpx”。SMPTE 268M标准对DPX格式进行了定义和描述。DPX格式广泛应用于电影胶片的数字化处理与存储、数字中间片（DI）、视觉特效、数字电影等领域。胶片扫描仪对电影胶片进行扫描处理之后可以直接输出DPX格式，其中10bit对数（LOG）方式使用最为广泛。

2. 视频编码

准确地说，AVI、ASF、FLV是一种文件格式，在“我的电脑”中可以看到*.AVI等文件格式。即使是同一种文件格式，如MPEG，又分为MPEG-1、MPEG-2、MPEG-4几种视频格式。同一种视频格式，如MPEG-4，又可以使用多种视频编码，如MP4V、XVID、DX50、DIVX、DIV5、3IVX、3IV2和RMP4。

（1）Microsoft RLE

这是一种8位的编码方式，只能支持到256色。对于压缩动画或者是计算机合成的图像等具有大面积色块的素材，都可以使用它来编码，是一种无损压缩方案。

（2）Microsoft Video 1

这是用于对模拟视频进行压缩的格式，是一种有损压缩方案，最高仅达到256色。它的品质不太理想，一般还是不要使用它来编码AVI。

（3）Microsoft H.261/H.263 和H.264 Video Codec

该格式用于视频会议的Codec，其中H.261适用于ISDN、DDN线路，H.263适用于局域网，不过在一般机器上，这种Codec是用来播放的，不能用于编码。而H.264的出现，使得在同等速率下，H.264能够比H.263减小50%的码率。也就是说，用户即使是只利用 384kbit/s的带宽，就可以享受H.264下高达 768kbit/s的高质量视频服务。

（4）Intel Indeo Video R3.2

所有的Windows版本都能用Indeo Video 3.2播放AVI编码。它的压缩率比Cinepak大，但需要回放的计算机要比Cinepak的快。

（5）Intel Indeo Video 4和5

常见的有4.5和5.10两种，质量比Cinepak和R3.2要好，可以适应不同带宽的网络，但必须有相应的解码插件才能顺利地将下载作品进行播放；适合于装了Intel公司MMX以上CPU的机器，回放效果优秀。如果一定要用AVI，推荐使用5.10，在效果几乎一样的情况下，它有更快的编码速度和更高的压缩比。

（6）Intel IYUV Codec

该格式的图像质量极好，因为此方式是将普通的RGB色彩模式变为更加紧凑的YUV色彩模式。如果要将AVI压缩成MPEG-1，用它得到的效果比较理想，缺点是生成文件太大。

（7）Microsoft MPEG-4 Video Codec

常见的有1.0、2.0、3.0三种版本，是基于MPEG-4技术的。其中，3.0并不能用于AVI的编码，只能用于生成支持"视频流"技术的ASF文件。

（8）Divx-MPEG-4 Low-Motion/Fast-Motion

实际与Microsoft MPEG-4 Video Code是相当的东西，只是Low-Motion采用固定码率，Fast-Motion采用动态码率，并且后者压缩成的AVI几乎只是前者的一半大，但质量要差一些。Low-Motion适用于转换DVD以保证较好的画质，Fast-Motion用于转换VCD以体现MPEG-4短小精悍的优势。

（9）Divx 3.11/4.12/5.0

实际上就是Divx，原来Divx是为了打破微软的ASF规格而开发的，现在开发组摇身一变成了Divxnetworks公司，不断推出新的版本。其最大的特点就是在编码程序中加入了1-Pass和2-Pass的设置，2-Pass相当于两次编码，最大限度地在网络带宽与视觉效果中取得平衡。

3. 图片格式

（1）GIF

GIF（Graphics Interchange Format）的原义是"图像互换格式"，是CompuServe公司于 1987年开发的图像文件格式。GIF文件格式，是一种基于LZW算法的连续色调的无损压缩格式，其压缩率一般在50%左右，不属于任何应用程序。目前几乎所有相关软件都支持它，公共领域有大量的软件在使用GIF图像文件。

GIF格式的图像深度为1～8bit，即GIF最多支持256种色彩的图像。GIF格式的另一个特点为文件中可以存放多幅彩色图像，如果把存于一个文件中的多幅图像数据逐幅读出并显示到屏幕上，可构成一种最简单的动画。

GIF解码较快，因为采用隔行存放的GIF图像，在边解码边显示的时候可分成四遍扫描。第一遍扫描虽然只显示了整个图像的八分之一，第二遍的扫描后也只显示了1/4，但这已经把整幅图像的概貌显示出来了。在显示GIF图像时，隔行存放的图像会让人觉得它的显示速度似乎要比其他图像快一些。

（2）BMP

BMP 是 Windows 位图文件，全称为Windows bitmap。它可以用任何颜色深度（从黑白到 24 位颜色）存储单个光栅图像。Windows 位图文件格式与其他 Microsoft Windows 程序兼容，不支持文件压缩，也不适用于 Web 页，是一种与硬件设备无关的图像文件格式，使用非常广泛。它采用位映射的存储格式，除了图像深度可选以外，不采用其他任何压缩，因此，BMP文件所占用的空间很大。BMP文件的图像深度可选1bit、4bit、8bit及24bit。BMP文件存储数据时，图像的扫描方式按从左到右、从下到上的顺序进行。

由于BMP文件格式是Windows环境中交换与图有关的数据的一种标准，因此在Windows环境中运行的图形图像软件都支持BMP图像格式。

典型的BMP图像文件中的位图文件数据结构，包含BMP图像文件的类型、显示内容等信息；位图信息数据结构，包含BMP图像的宽、高、压缩方法，以及定义颜色等信息。

从总体上看，BMP的缺点超过了它的优点。在使用中，为了保证照片图像的质量，可使用 PNG 、JPEG、TIFF 文件替换BMP文件。BMP 文件适用于 Windows 中的墙纸。

（3）JPEG/JPEG2000

JPEG是Joint Photographic Experts Group（联合图像专家组）的缩写，文件后缀名为 ". jpg"或".jpeg"，是最常用的图像文件格式，由一个软件开发联合会组织制定，是一种有损压缩格式，能够将图像压缩在很小的储存空间，图像中重复或不重要的资料会丢失，容易造成图像数据的损伤。尤其是使用过高的压缩比例，将使最终解压缩后恢复的图像质量明显降低。如果追求高品质的图像，压缩比例需要控制，不能过高。但是JPEG压缩技术十分先进，它用有损压缩的方式去除了冗余的图像数据，在获得极高的压缩率的同时能展现非常生动的图像。换句话说，就是可以用最少的磁盘空间得到更好的图像品质。JPEG也可以在图像质量和文件尺寸之间找到平衡点。该格式压缩的主要是高频信息，对色彩的信息保留较好，适合应用于互联网，可减少图像的传输时间，可以支持24bit真彩色，也普遍应用于需要连续色调的图像。这是目前网络上最流行的通用图像格式，是可以把文件压缩到最小的格式，在 Photoshop软件中以JPEG格式储存时，提供11级压缩级别，以0～10级表示。其中，0级压缩比最高，图像品质最差。即使采用细节几乎无损的10 级质量保存，压缩比也可达 5:1。以BMP格式保存时得到的4.28MB图像文件，在采用JPG格式保存时，文件仅为178KB，压缩比达到24:1。一般来说，根据大量测试以及实际使用情况，用第8级压缩为存储空间与图像质量兼得的最佳比例。

JPEG2000作为JPEG的升级版，其压缩率比JPEG高约30%左右，同时支持有损和无损压缩。JPEG2000和JPEG相比，从无损压缩到有损压缩可以兼容，而JPEG不行。

（4）TGA

TGA（Tagged Graphics）是由美国Truevision公司为其显卡开发的一种图像文件格式，文件后缀为".tga"，已被国际上的图形、图像工业所接受。TGA格式的结构比较简单，属于一种图形、图像数据的通用格式，在多媒体领域有很大影响，是计算机生成的图像向电视转换的一种首选格式。

TGA图像格式最大的特点是可以做出不规则形状的图形、图像文件。一般图形、图像文件都为四方形，若需要有圆形、菱形甚至是镂空的图像文件时，TGA就派上用场了。TGA格式支持压缩，使用不失真的压缩算法。是一种比较好的图片格式。

（5）PSD

这是Photoshop图像处理软件的专用文件格式，文件扩展名是.psd，可以支持图层、通道、蒙版和不同色彩模式的各种图像特征，是一种非压缩的原始文件保存格式。扫描仪不能直接生成该种格式的文件。PSD文件有时会很大，但由于可以保留所有原始信息，在图像处理中对于尚未制作完成的图像，选用 PSD格式保存是最佳的选择。

（6）PNG

PNG（Portable Network Graphics）原名为"可移植性网络图像"，是网络上可以接受的最新图像文件格式。PNG能够提供长度比GIF小30%的无损压缩图像文件，同时可提供 24位和48位真彩色图像支持以及其他诸多技术性支持。由于PNG非常新，所以目前并不是所有的程序都可以用它来存储图像文件，但Photoshop可以处理PNG图像文件，也可以用PNG图像文件格式进行存储。

（7）TIFF

TIFF（Tag Image File Format）图像文件是由Aldus和微软公司为桌上出版系统研制开发的一种较为通用的图像文件格式。 TIFF格式灵活易变，它又定义了四类不同的格式：TIFF-B适用于二值图像，TIFF-G适用于黑白灰度图像，TIFF-P适用于带调色板的彩色图像，TIFF-R适用于RGB真彩图像。TIFF支持多种编码方法，其中包括RGB无压缩、RLE压缩及JPEG压缩等。TIFF是现存图像文件格式中最复杂的一种，它具有扩展性、方便性、可改性。

TIFF图像文件由三个数据结构组成，分别为文件头、一个或多个称为IFD的包含标记指针的目录以及数据本身。T图像文件头（或IFH0）是一个TIFF文件中唯一的、有固定位置的部分。IFD图像文件目录是一个字节长度可变的信息块，Tag标记是TIFF文件的核心部分，在图像文件目录中定义了要用的所有图像参数，目录中的每一目录条目都包含图像的一个参数。

压缩即利用算法将文件有损或无损地处理，以达到保留最多文件信息，而令文件体积变小，包括有损压缩和无损压缩两种类型。

所谓视频编码方式，就是指通过特定的压缩技术，将某个视频格式的文件转换成另一种视频格式文件的方式。目前视频流传输中最为重要的编解码标准有国际电联的H.261和H.263及H.264、运动静止图像专家组的M-JPEG以及国际标准化组织运动图像专家组的MPEG系列标准；此外在互联网上被广泛应用的还有Real-Networks的Realvideo、微软公司的WMV以及苹果公司的QuickTime等。

1. 有损压缩[①]

有损压缩又称破坏型压缩，即将次要的信息数据压缩掉，牺牲一些质量来减少数据量，使压缩比提高。有损压缩利用了人类对图像或声波中的某些频率成分不敏感的特性，允许压缩过程中损失一定的信息；其压缩方法是经过压缩、解压的数据与原始数据不同但是非常接近的压缩方法。虽然不能完全恢复原始数据，但是所损失的部分对理解原始图像的影响较小，却换来了大得多的压缩比。有损数据压缩这种方法经常用于因特网，尤其是流媒体以及电话领域。此外，还广泛应用于语音、图像和视频数据的压缩。

有损压缩的最大优点在于——在有些情况下能获得比任何已知无损压缩方法小得多的文件，同时又能满足质量需要。譬如为了节省传输时间，当用户得到有损压缩文件的时候，虽然解压文件与原始文件在数据位的层面上看可能会大相径庭，但是对于多数实用目的来说，人耳或者人眼并不能分辨出二者之间的区别。

有损视频编解码几乎总能达到比音频或者静态图像好得多的压缩率（压缩率是压缩文件与未压缩文件的比值）。音频能够在没有察觉质量下降的情况下实现10:1的压缩比，视频能够在观察质量稍微下降的情况下实现如300:1这样非常大的压缩比。

有损压缩图像的特点是：保持了颜色的逐渐变化，删除了图像中颜色的突然变化。生物学中的大量实验证明，人类大脑会利用与附近最接近的颜色来填补所丢失的颜色。例如，对于蓝色天空背景上的一朵白云，有损压缩的方法就是删除图像中景物边缘的某些颜色部分。当在屏幕上看这幅图时，大脑会利用在景物上看到的颜色填补所丢失的颜色部分。利用有损压缩技术，某些数据被有意地删除了，而被取消的数据也不可再恢复。

一些压缩方法还将人体解剖方面的特质考虑进去，例如人眼只能看到一定频率的光线，心理声学模型描述的是声音如何能够在不降低声音感知质量的前提下实现最大的压缩。

ⓐ常见的有损压缩的音频格式有MP3、OGG、WMA等。

常见的有损压缩的视频格式有AVI大多数编码、MOV、ASF、WMV、3GP、QuickTime、REAL VIDEO、MKV及FLV等。

常见的有损压缩的图片格式有JPEG、gif、BMP等。

有损静态图像压缩经常如音频那样能够得到原始大小的1/10，但是无可否认，利用有损压缩技术是会影响图像质量的。另外，如果使用了有损压缩的图像仅在屏幕上显示，可能对图像质量影响不太大，至少对于人类眼睛的识别程度来说区别不大，因为人的眼睛对光线比较敏感，光线对景物的作用比颜色的作用更为重要。可是，如果要把一幅经过有损压缩技术处理的图像用高分辨率打印机打印出来，那么图像质量就会有明显的受损痕迹。

模块 08 杭州滨江区形象片——影片的格式与输出

135

2.无损压缩[ⓑ]

无损压缩格式利用数据的统计冗余进行压缩，可完全回复原始数据而不引起任何失真，但压缩率受到数据统计冗余度的理论限制，一般为2:1～5:1。这类方法广泛用于文本数据、程序和特殊应用场合的图像数据（如指纹图像、医学图像等）等的压缩。

由于压缩比的限制，仅使用无损压缩方法是不可能解决图像和数字视频存储和传输的所有问题。经常使用的无损压缩方法有Shannon-Fano 编码、Huffman 编码、游程（Run-Length）编码、LZW（Lempel-Ziv-Welch）编码和算术编码等。

音频方面，常见的像MP3、WMA等格式都是有损压缩格式，相比于作为源的WAV文件，它们都有相当大程度的信号丢失，这也是它们能达到10%的压缩率的根本原因。而无损压缩格式，就好比用Zip或RAR这样的压缩软件去压缩音频信号，得到的压缩格式还原成的WAV文件，和作为源的WAV文件是一模一样的。但是，如果用Zip或RAR来压缩WAV文件，必须将压缩包解压后才能播放。而无损压缩格式则能直接通过播放软件实现实时播放，使用起来和MP3等有损格式一模一样。总而言之，无损压缩格式可以在不牺牲任何音频信号的前提下，减少WAV文件体积。

无损压缩可以实现100%的保存、没有任何信号丢失。正如之前所说，无损压缩格式就如同用Zip压缩文件一样，能100%地保存WAV文件的全部数据。无损压缩可以实现音质高、不受信号源影响的效果。既然是100%的保存了原始音频信号，无损压缩格式的音质毫无疑问和原始CD是一样的！对比任意一原始文件的WAV格式和FLAC压缩格式的频谱图，能看到有任何不同吗？同样，实际聆听也不会有任何的不同！而有损压缩格式由于其先天的设计（需要丢失一部分信号），音质再好，也只能是无限接近于原声CD，要想真正达到CD的水准是不可能的！而且，由于有损压缩格式算法的局限性，在压缩交响乐等类型动态范围大的音乐时，其音质表现更是差强人意。而无损压缩格式则不存在这样的问题，任何音乐类型都支持。

无损压缩格式可以很方便地还原成WAV，还能直接转压缩成MP3、Ogg等有损压缩格式，甚至可以在不同无损压缩格式之间互相转换，而不会丢失任何数据。这一点比起有损格式可要强得多。因为有损压缩格式的二次编码（从一种有损格式转换成另一种有损格式，或者格式不变而调整比特率）意味着将丢失更多的信号，带来更大的失真。

03 音频格式

1. 经典的 WAVE

WAVE文件作为最经典的Windows多媒体音频格式，应用非常广泛，它使用三个参数来表示声音，即采样位数和采样频率。

声道有单声道和立体声之分，采样频率一般有11025Hz

技巧

ⓑ在后期制作当中，经常会遇到中间环节，在中间环节制作的时候尽可能都导出无损压缩的图片序列格式。

无损压缩的序列格式有很多，比如最常用的TGA格式、PNG格式和Photoshop软件专用的PSD格式。

常用的无损压缩的图像序列格式为TGA图像格式。无损压缩格式的优势在于在压缩前后画面的质量不会损失。但是，正因为它是无损压缩模式，所以压缩量是有限的。有兴趣的读者可以做一个实验，用同样的720像素×576像素的标准PAL制的素材进行图片导出。如果是导出TGA无损压缩的格式，那么单帧画面的大小约等于1.18MB；如果导出成JPEG格式，那么导出的图像可能只有100KB左右。压缩量的差距还是很大的。

After Effects

Premiere

（11kHz）、22050Hz（22kHz）和44100Hz（44kHz）三种。WAVE文件所占容量=采样频率×采样位数×声道×时间/8。

2. 传统的 MOD

MOD是一种类似波表的音乐格式，但它的结构却类似 MIDI，使用真实采样，体积很小。在以前的DOS年代，MOD经常被作为游戏的背景音乐。现在的MOD可以包含很多音轨，而且格式众多，如S3M、NST、669、MTM、XM、IT、XT和RT等。

3. 电脑音乐 MIDI

MIDI是Musical Instrument Data Interface的简写，它采用数字方式对乐器所奏出来的声音进行记录，将每个音符记录为一个数字；然后，播放时再对这些记录通过FM或波表合成。FM合成是通过多个频率的声音混合来模拟乐器的声音；波表合成是将乐器的声音样本存储在声卡波形表中，播放时从波形表中取出产生声音。

4. 龙头老大MPEG之 MP3

MP3可谓是大名鼎鼎，它采用MPEG Audio Layer 3 技术，将声音用110 甚至 112 的压缩率压缩，采样率为44kHz、比特率为112kbit/s。

MP3是MPEG标准中的声音部分即MPEG音频层。MP3是目前因特网上的音乐格式最为常见的一种。虽然它是一种有损压缩，但是它的最大优势是以极小的声音失真换来了较高的压缩比。MPEG含有格式包括：MP1、MP2、MP3、MP4 。

MP3音乐是以数字方式储存的音乐，如果要播放，就必须有相应的数字解码播放系统。一般通过专门的软件进行MP3数字音乐的解码，再还原成波形声音信号即可播放，这种软件就称为MP3播放器，如Winamp等。

5. 后起之秀 OGG

Ogg全称是OGGVobis（oggVorbis），是一种新的音频压缩格式，类似于MP3等的音乐格式。但有一点不同的是，它是完全免费、开放和没有专利限制的。OGG Vobis有一个特点是支持多声道，随着它的流行，以后用随身听来听DTS编码的多声道作品将不会是梦想。

6. 苹果的AIFF©

AIFF（Audio Interchange File Format）格式和AU格式，它们都和WAV非常相像，在大多数的音频编辑软件中也都支持它们这几种常见的音乐格式。AIFF是音频交换文件格式的英文缩写。是苹果公司开发的一种音频文件格式，被Macintosh平台及其应用程序所支持，Netscape浏览器中Liveaudio也支持AIFF格式。所以大家都不常见。AIFF是苹果电脑上面的标准音频格式，属于QuickTime技术的一部分。这一格式的特点就是格式本身与数据的意义无关，因此受到了微软的青睐，并据此搞出来WAVE格式。

7. 曾经的AU

AUDIO文件是SUN公司推出的一种数字音频格式。AU文件原先是UNIX操作系统下的数字声音文件。由于早期因特网上的WEB服务器主要是基于UNIX的，所以，AU格式的文件在如今的因特网中也是常用的声音文件格式。

8. 网上霸主 RA系列

RA、RAM和RM都是Real公司成熟的网络音频格式，采用了"音频流"技术，所以非常适合网络广播；在制作时可以加入版权、演唱者、制作者、Mail和歌曲的Title等信息。

RA可以称为互联网上多媒体传播的霸主，适合于网络上进行实时播放，是目前在线收听网络音乐最好的一种格式。

9. 高压缩比的 VQF

VQF即Twinvq，是由Nippon Telegraph And Telephone与雅马哈公司开发的一种音频压缩技术。

VQF的音频压缩率比标准的MPEG音频压缩率高出近一倍，可以达到118左右甚至更高。而像MP3、RA这些广为流行的压缩格式一般只有112左右。但仍然不会影响音质，当VQF以44kHz-80kbit/s的音频采样率压缩音乐时，它的音质会优于44kHz-128kbit/s的MP3；以44kHz-96kbit/s压缩时，音质接近于44kHz-256kbit/s的MP3。

10. 迷你光盘 MD [d]

MD即Mini Disc，是索尼公司于1992年推出的一种完整的便携音乐格式，它所采用的压缩算法是ATRAC技术（压缩比是15）。MD又分为可录型MD（Recordable，有磁头和激光头）和单放型MD（Pre-Recorded，只有激光头）。

11. 音乐 CD

一张CD可以播放74min左右时间长度的声音文件，Windows系统中自带了一个CD播放机，另外多数声卡所附带的软件都提供了CD播放功能，甚至有一些光驱脱离电脑，只要接通电源也可以作为一个独立的CD播放机使用。

12. 潜力无限的 WMA [c]

微软在自己开发的网络多媒体服务平台上主推ASF（Audio Streaming Format），这是一个开放支持在各种各样的网络和协议上的数据传输的标准。它支持音频、视频以及其他一系列的多媒体类型。而WMA是Windows Media Audio的缩写，相当于只包含音频的ASF文件。

13. 免费音乐格式 Vorbis

为了防止MP3音乐公司收取的专利费用上升，GMGI的Icast公司的程序员开发了一种新的免费音乐格式Vorbis，其音质可以与MP3相媲美，甚至优于MP3。并且将通过网络发布，可以免费自由下载，不必担心会涉及侵权问题。但MP3在网上已经非常流行，微软的Windows Media技术也开始普及，Vorbis的前景还是不容乐观的。

独立实践任务（2课时）

任务三　将杭州滨江区形象片输出图片序列

任务背景

　　影片输出是整个制作过程中很重要的一部分。本章介绍了视频格式和音频格式的输出，利用杭州滨江区形象片的素材，对其进行图片序列的输出，了解图片序列的输出与视频格式的输出在设置上的不同。

任务要求

　　将杭州滨江区形象片素材的前一分钟内容输出成为TGA格式的图片序列。

播出平台：多媒体

制式：PAL

【技术要领】输出设置，注意不要输出为单帧画面。

【解决问题】结合Adobe Media Encoder进行画面输出。

【应用领域】影视后期。

【素材来源】光盘\模块08\素材\杭州滨江区形象片宣传片.mpg。

【最终效果】无。

任务分析

_____

_____

_____

_____

主要制作步骤

_____

_____

_____

_____

课后作业

1. 填空题

（1）Adobe Premiere Pro CS5可以输出视频、音频、_____等格式文件。

（2）压缩方式按照质量可分为_____和_____。

2. 单项选择题

（1）以下选项中，（　　）属于图片格式。

    A. TGA   B. AVI

    C. WAV   D. MP3

（2）以下选项中，（　　）属于无损压缩格式。

    A. QuickTime   B. JPEG

    C. TGA   D. MP3

3. 多项选择题

Adobe Premiere Pro CS5能够输出的格式有（　　　　）。

    A. TGA   B. AVI

    C. WAV   D. RMVB

4. 简答题

简述在影视制作中进行过渡的中间环节主要运用哪种格式进行视频的存储？为什么要用这种格式进行存储？

模块

卡通动画的校色
——卡通色彩滤镜的使用与输出

能力目标
根据实际项目需要对影片作品进行色彩校色

专业知识目标
1. 掌握视频校色的分类
2. 理解校色基本属性的概念

软件知识目标
1. 导入带通道的序列素材
2. 在轨道上对视频进行编辑
3. 了解软件的色彩滤镜特效

课时安排
6课时（讲课3课时，实践3课时）

模拟制作任务

任务一　视频校色（2课时）

任务背景

本任务将浙江卫视张纪中版《西游记》推广短片之唐僧篇的视频进行色彩校色。

在宣传片制作后期，在Adobe Premiere Pro CS5中对影片进行最终编辑，确定剪辑的最终色彩效果。

任务要求

用浙江卫视张纪中版《西游记》推广短片之唐僧篇更好地对Adobe Premiere Pro CS5特效面板中的色彩滤镜知识进行学习。

并在剪辑时对其相对的画面，及其镜头语言进行调整。

制式：PAL

任务分析

视频的校色是后期制作中统一色彩效果的一个环节。由于在制作过程中，都是以分卡、分镜头的方式进行工作分配，加上制作环节繁多，工序由模型材质到灯光渲染、合成、特效以及最后的剪辑，各镜头的色彩效果有时往往会有偏差。这些色彩偏差通常需要最终剪辑来进行调整。

➡ 本案例的重点和难点

如何通过色彩滤镜进行校色调整。

【技术要领】找出需要修改调整的镜头。

【解决问题】视频的色彩设置需要根据整个短片的色彩进行统一的调整。

【应用领域】影视后期。

【素材来源】光盘\模块09\素材\浙江卫视张纪中版《西游记》推广短片之唐僧篇序列图片。

【最终效果】光盘\模块09\效果参考\浙江卫视张纪中版《西游记》推广短片之唐僧篇.avi。

⬇ 操作步骤详解

创建并设置项目工程

01 启动Adobe Premiere Pro CS5，弹出如图9-1所示的窗口。

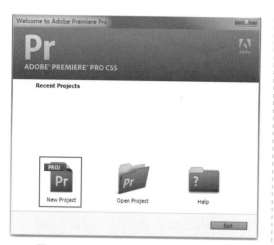

图9-1　Adobe Premiere Pro CS5的启动窗口

02 单击【New Project】（新建项目）按钮，弹出New Project对话框。在General（常规）选项卡的Name（名称）文本框中输入"《西游记》推广短片之唐僧篇"；Location（位置）列表框显示了新项目工程的存储路径，单击【Browse】按钮可改变新项目工程的存储路径，然后单击【OK】按钮，如图9-2所示。

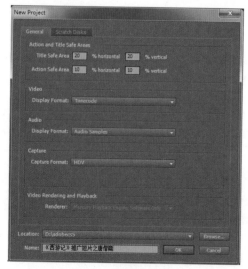

图9-2　新建项目工程

03 弹出New Sequence（新序列）对话框，在Sequence Presets选项卡中选择DV-PAL制式中的Standard 48kHz（标准屏）默认每秒25帧，在下面的Sequence Name（序列名称）文本框中确认序列名称为"《西游记》推广短片之唐僧篇"，然后单击【OK】按钮，如图9-3所示；然后进入Adobe Premiere Pro CS5的编辑界面。

图9-3　新建序列

04 创建好项目工程后，需要将整理好的素材导入到Project面板。选择File>Import命令，弹出Import对话框，如图9-4所示依次导入相应文件夹里的PNG序列帧。

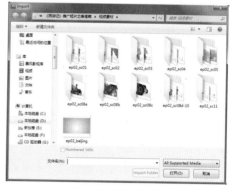

图9-4　Import对话框

05 在 Import 导入序列帧时，必须勾选 Numbered Stills（序列图像）复选框，如图 9-5 所示，这样才能导入序列图片，否则就只是单帧的图片导入。

图9-5　Import对话框

解析导入完的素材

06 当导入完所有的素材文件时，发现虽然导入的图片文件有规矩地依次按照镜头号的文件命名，但里面会有单帧文件和按照依次镜号算下来有缺漏的镜头。一般来说，在做粗剪辑时，会导入静态分镜或者是动态分镜，来进行最初的剪辑。特别是像电视剧、动画片，一般成片都在20min以上，最少也有300个镜头，有可能会在某些环节上有遗漏的镜头、断帧缺帧等问题，这时就需要制作流程的表格，如图9-6所示。

图9-7　选择Interpret Footage命令

08 弹出Interpret Footage对话框，在Frame Rate（帧率）选项组中设置 Assume this frame rate 为25fps，即假设帧率为25/s，如图9-8所示。

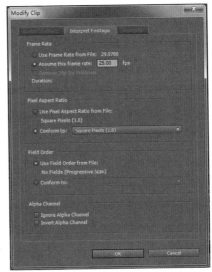

图9-8　修改素材帧率

09 单击【OK】按钮，观察面板上方的素材信息显示，如图9-9所示，其中帧率变为25fps，是当前选中素材正确的帧率，调整结束。

由图可以判断，浙江卫视张纪中版《西游记》推广短片之唐僧篇的素材文件，并没有缺漏。并且sc08a、sc08b、sc08c都为单帧图片，sc05和sc06为合并镜头，而"vfx"是指合成完成后，将需要添加后期特效的文件所对应的镜头号给予标注。

07 但是，如图9-6所示看到Frame Rate中的序列素材显示的帧数为29.97fps，需要改变其帧数率，使其统一每秒帧数为25fps。在Project面板中选择刚导入的所有序列素材，使其显示为灰色，单击鼠标右键，在弹出的快捷菜单选择Modify，展开选择Interpret Footage（镜头详解）命令，如图9-7所示。

图9-9　素材正确整理调整结束

模块 **09** 卡通动画的校色——卡通色彩滤镜的使用与输出

145

10 在Project面板中按照镜头号顺序选择序列素材,将素材依次拖曳至Timeline面板的Video 2轨道中,如图9-10所示,其中Video 1轨道拖入的是背景层的单帧素材。

图9-10　将视频素材拖入时间线中

11 在Timeline面板中的进行剪辑之前,先按键盘Enter键,弹出Rendering渲染窗口,先让视频素材缓存预览一遍,如图9-11所示,这样方便后续剪辑时,播放素材不会卡住。

图9-11　Rendering渲染进行窗口

在Timeline面板中进行素材的精剪辑分析镜头

12 ep02_sc01镜头中,结束POSE的动作缓冲,是在动作静止时才会出现的;唐僧上前去拿魔方的POSE,从两者间的距离和动作来看,POSE都不连镜,所以这里把多余缓冲的1帧POSE剪掉。

13 ep02_sc02镜头应用了带出OUT出镜,手拿魔方出镜后,有四帧的空镜头。一般完全出镜和半出镜都是可以的,但在这里与下个镜头画面

的衔接,出现镜头画面跳动的问题。原因就在于两个镜头都是一样的背景,可将空镜头的部分剪辑掉。

14 剪辑画面时,对POSE力度最大出点和入点进行剪辑,是前后镜头POSE连贯的技巧,对ep02_sc03和ep02_sc05-sc06剪辑,能够很好地制作前后POSE的连镜。

15 静止画面的镜头并不需要像动态分镜给出时间段那样死板的剪辑,可以自行感受镜头画面需要的时间而去强调画面,三段的时间长度并不需要一致,可长可短,但三个镜头的时间长度要相对平均。ep02_sc08a、ep02_sc08b和ep02_sc08c在镜头轴上是统一的,但其镜头的排列感觉并不是很好,这里把ep02_sc08b调整至ep02_sc08a镜头的前面。这样镜头画面的节奏层次就发生了变化,感受到镜头的抑扬顿挫。

16 由于上组连续镜头都是静止的,ep02_sc08d镜头一开始的镜头画面缓慢地旋转8帧的时间,感觉不到任何动作变化,因此将剪切点选择在唐僧转头前,把前面没有动作变化的8帧剪掉。

17 ep02_sc08d和ep02_sc11镜头的衔接问题，跟先前的问题类似，这次要用到的则是黑场叠化将两个镜头衔接起来。就这样把所有镜头都如何精剪辑都分析了一遍，如图9-12所示是最终精剪辑的效果。

图9-12　Timeline上的最终精剪效果

解析要校正色彩的镜头

18 查看每个镜头，发现ep02_sc02中的色彩，明显和前后镜头色彩有差异，这里唐僧袈裟偏橙色了，而ep02_sc01和ep02_sc03的唐僧袈裟是土黄色的，因此需要校色。

19 在Timeline面板中选中ep02_sc02素材，再到Effects面板中，展开Video Effects视频效果组[01]，找到Color Correction，再次展开选择Channel Mixer命令，如图9-13所示。将特效拖曳至刚才点选的Timeline面板里的素材上，如图9-14所示，在放入了特效滤镜后，会看到素材文件ep02_sc02多了一条紫色的线，这就是添加特效滤镜的标识。

图9-13　Effects面板中的色彩特效

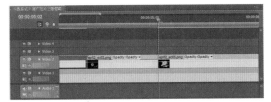

图9-14　Timeline完成特效滤镜的添加

对素材校正色彩

20 接着在Effect Controls特效控制面板中对

刚所做的色彩滤镜Color Correction进行参数上的调整，如图9-15所示。

图9-15　调整其参数参考值

21 如图9-16所示为最后调节出来的色彩效果。但在调节色彩时，魔方的色彩也随之调整了，较之前的色彩有些偏灰。如果原素材提供两个物件独立的Alpha通道，就可直接添加Set Matte特效滤镜，并设置通道遮罩所在的轨道；但在没有分开通道的情况下，这就要用到Eight-Point Garbage Matte（边点的遮罩）特效。

图9-16　Channel Mixer调整最终的色彩效果

22 在Video 3轨道中复制不带滤镜的素材ep02-sc02叠加到Video 2轨道上，添加Sixteen-Point Garbage Matte特效，将其拖至素材中，如图9-17所示。

图9-17　Timeline完成特效滤镜的添加

23 如图9-18所示，Sixteen-Point Garbage Matte滤镜特效生成了16点的蒙版遮罩，可应用Effect Controls面板精确控制各个点的X轴及Y轴，进行各个点的定位，也可通过按住鼠标左键拖曳点。

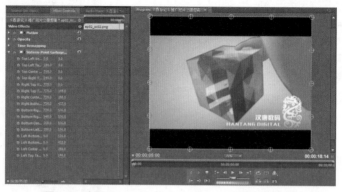

图9-18　应用Sixteen-Point Garbage Matte调节遮罩蒙版

24 对图像的16个点分别进行定位，将需要抠像的地方一帧一帧框选出来，如图9-19所示为最后抠像后的效果。

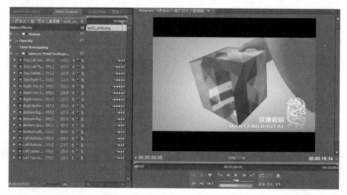

图9-19　抠像和色彩的最终效果

进一步深入对色彩的校色

25 对特效滤镜的色彩校色有了基本的认识后，就需对视频进行进一步处理，ep02_sc04这个镜头，如图9-20所示，云的色彩有问题，云应该是黑的，闪电效果也不理想，跟下个镜头色彩也不一样。

26 在ep02_sc04镜头上，使用Razor剪切出第一帧，把除第一帧外的帧数按Delete键删除掉，用工具栏中的Rate Stretch Tool对此单帧进行速率伸缩，最终操作结果如图9-21所示。

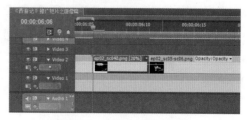

图9-21　剪切后的剪辑效果

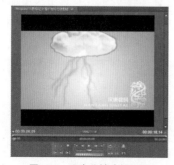

图9-20　观察此镜头的问题

27 在对ep02_sc04镜头做好剪辑后，对Video 1轨道上的背景层进行出点和入点的Razor

剪切,使其同Video 2轨道和ep02_sc04镜头的出点
和入点平行,如图9-22所示,并对其添加特效滤镜
Generate的Lightning闪电特效。

图9-22　对ep02_beijing添加Lightning特效滤镜

28 对Lightning闪电特效进行调整,如图9-23
所示的参考数值。注意起始点和结束点是一定要
进行Key帧的。

图9-23　对Lightning特效滤镜参数的设置

29 在Effects Controls面板,复制数个已设置
好参数的Lightning滤镜粘贴在此面板上。对其他
复制的Lightning滤镜的结束点位置进行Key帧,
并在Lightning参数内的Speed做些调整,如图
9-24所示,使其像闪电一样疏落散开,有变化。

图9-24　对Lightning特效滤镜参数的设置

对色彩光源进行最后的调整

30 最后是对ep02_sc04素材、文件添加Adjust
中的Lighting Effects 灯光特效,将其拖曳到素材
上,如图9-25所示。

图9-25　对ep02_04添加Lighting Effects特效滤镜

31 最后是对ep02_sc04素材文件的Effects
Controls面板中的Lighting Effects特效进行参数调整。
根据闪电特效的起始点和结束点的时间,给Projected
Radius和Intensity进行Key帧,如图9-26所示。

图9-26　Lighting Effects特效滤镜参数设置

32 最后的镜头效果,如图9-27所示,这样就
完成了对此视频剪辑。

图9-27　对ep02_04最终处理效果

模拟制作任务

任务二 无损文件输出（1课时）

任务背景

　　本任务将浙江卫视张纪中版《西游记》推广短片之唐僧篇的视频单独输出无损AVI文件，在宣传片制作时先在Adobe Premiere Pro CS5中对影片进行编辑，并确定剪辑的最终效果后导出，提供给配音公司进行配音，音频的节奏根据剪辑后的最终效果进行录制的。还有此片将由台里进行最终的声画合成，加上最终的魔方中国蓝的LOGO，所以此视频文件进行处理完成之后，必须将它进行输出，并且是无损的AVI文件。

任务要求

　　将浙江卫视张纪中版《西游记》推广短片之唐僧篇的视频文件进行无损输出。
　　播出平台：浙江卫视
　　制式：PAL

任务分析

　　在输出时需要选择输出的视频格式为无损AVI。Adobe Premiere Pro CS5可以输出两种视频无损AVI格式，在制作中需要选择正确的无损AVI，以保证视频质量。

➡ 本案例的重点和难点

　　视频的输出设置，视频格式的无损输出的选择。

　　【技术要领】视频输出设置。
　　【解决问题】输出到不同的平台须运用不同的设置。
　　【应用领域】影视后期。
　　【素材来源】光盘\模块09\素材\《西游记》推广短片之唐僧篇.avi。
　　【最终效果】无。

⬇ 操作步骤详解

选择输出命令

　　01 首先在时间线上编辑音频素材。在要进行输出的时间线窗口任何位置单击鼠标左键，激活当前时间线的Sequence，如图9-28所示。

图9-28　激活需要输出的时间线

02 选择File>Export>Media命令，如图9-29所示，打开Export Settings对话框。

图9-29　输出选项

设置无损AVI格式与参数

03 选择Media命令后，弹出Export Settings对话框，对视频输出进行相应的设置，如图9-30所示，展开Format的格式设置，会发现有两种无损的AVI格式，一个是在Microsoft AVI中进行对无损AVI的设置；另外一个是在Uncompressed Microsoft AVI中进行对无损AVI的设置[02]。

图9-30

04 选择Media命令后，弹出Export Settings对话框，对视频输出进行相应的设置，如图9-31所示。

- 将Format选项改为Microsoft AVI格式。
- 修改 Video Codec预设，使其是无损输出，选择None。
- 修改 Field Type预设，使其是逐行扫描，选择Progressive。

- 修改 Aspect预设，使其为方形像素比，选择Square Pixels（1.0）。
- 默认的24bit位深的预设，这是标准设置。
- 将Output Name设置为想要的路径和文件名。如 "D:\《西游记》推广短片之唐僧篇.avi"。勾选Export Video复选框，单独选择任意一个时只能导出声音或者视频格式。

图9-31　视频素材的输出设置

05 至于Audio选项卡，不需要任何设置，导出的视频文件是不带声道的。

添加到Adobe Media Encoder进行输出

06 单击Export Settings对话框的【Queue】按钮，如图9-32所示。进入Adobe Media Encoder CS5输出界面，单击【开始列队】按钮即可开始画面渲染输出，如图9-33所示。

图9-32　完成设置

图9-33　Adobe Media Encoder输出界面

知识点拓展

01 Video Effects视频效果组[a]

Premiere CS5的Video Effects视频效果组[b]中共包括16种常用的视频特效组。

1. Adjust调整特效组

Adjust调整主要包括以下几种，如图9-34所示。

图9-34　Adjust特效滤镜

（1）Auto Color（自动颜色）

本视频滤镜效果能够快速的达到色彩颜色上的调整。

（2）Auto Contrast（自动对比度）

本视频滤镜效果能够快速的达到色彩对比度上的调整，使得画面色彩更具有层次。

（3）Auto Levels（自动色阶）

本视频滤镜效果能够快速的达到色彩色阶上的调整。

（4）Convolution Kernel（卷积内核）

本视频滤镜效果使用一道内定的数学表达式，通过矩阵文本给内定表达式输入数据，来计算每个像素的周围像素的涡旋值，进而得到丰富的视频效果。可以从提供的模式菜单中选择数据模式进行修改，也可以重新输入新的值（只要效果认为在Convolution Matrix（回旋矩阵）文本框中，中心的数字为该像素的亮度计算值（所输入的数字会乘以像素的亮度值）），周围的数字是该像素周围的像素所需要的计算值，在此框内所输入的数值会乘以周围像素的亮度值。

在Misc（杂项）框架中的Scale文本框中输入的数将作为除数，像素点包括周围像素点的像素点与输入给"环境中心像素点的数据矩阵"对应点的乘积之和为被除数。Offset文本框是一个计算结果的偏移量（与所得的商相加）。

所有数值允许的输入范围很大，可从−99 999～999 999，但实际使用时没有这么大，要根据演示效果而定。假如发现定义的一套数据很实用，并且以后还要使用，可单击【Save】按钮将其存

经验

　　[a] Premiere的Video Effects视频效果组，也能够处理像AE上的特效的效果，其二者的兼容性极其强大。也可用AE做剪辑，但是其主要还是为了制作工序的细化，毕竟这是专业的为剪辑而开发出来的软件。之所以Premiere加载了这么多的特效插件，就因为这样方便制作，有时可能只要添加些小效果，在Premiere中就能满足，非常便捷。

经验

　　[b] Premiere Pro CS5中的Effects特效滤镜除了自带的特效，无法加载新的特效插件，因为之前版本的Premiere插件都是在64位以下的，先前的软件无法兼容。

储起来，并记住文件夹和文件名（或存储到软盘上）。下次通过单击【Load】按钮将其装载到当前的数据定义格式中，即可使用。

（5）Extract（提取）

本视频滤镜效果可以对灰度级别进行选择，达到更加实用的效果。Softness滑块用来调节画面的柔和程度。Invert复选框可以将已定的灰度图片进行反相。

（6）Levels（色彩级别）

本视频滤镜效果将画面的亮度、对比度及色彩平衡（包括颜色反相）等参数的调整功能组合在一起，更方便地用来改善输出画面的画质和效果。

（7）Lighting Effects（照明效果）

本视频滤镜效果添加环境的照明效果，它能够同时调整五个光照效果，这在之前的模拟练习中就已经讲解过。

（8）ProcAmp（基本信号控制）

本视频滤镜效果其实就是对Contrast、Color、Brightness的一个综合控制器，它集成了这几种的控制属性。

（9）Shadow/Highlight（阴影/高光）

本视频滤镜效果是对阴影和高光的最高数值的调整，忽略其中间调，但调节是以默认的原始数值为0，对其Shadow和Highlight数值上的递增。

2. Blur & Sharpen模糊与锐化特效组

Blur & Sharpen模糊与锐化主要包括以下几种，如图9-35所示。

图9-35　Blur & Sharpen特效滤镜

（1）Antialias（抗锯齿）

本视频滤镜效果的作用是将图像区域中色彩变化明显的部分进行平均，使得画面柔和化。再从暗到亮的过渡区域加上适当的色彩，使该区域图像变得模糊些。

（2）Camera Blur（照相机模糊）

本视频滤镜效果是随时间变化的模糊调整方式，可使画面从最清晰连续调整得越来越模糊，就好像照相机调整焦距时出现的模糊景象情况。本视频滤镜效果可以应用于片段的开始画面或结束画面，做出调焦的效果。要使用调焦效果，必须设定开始点的画面和结束点的画面，让开始点画面和结束点画面分别使用滑块的不同位置即可满足要求。

（3）Channel Blur（通道模糊）

本视频滤镜效果通过RGB通道选择菜单来选择RGB、R、G、B通道作为修改的对象，进行模糊，而其中Alpha通道模糊只针对带有Alpha通道的素材才具备其效果。

（4）Compound Blur（混合模糊）

本视频滤镜效果依据某一层（可以在当前合成中选择）画面的亮度值对该层进行模糊处理，或者为此设置模糊映射层，也就是用一个层的亮度变化去控管另一个层的模糊。图像上的依据层的点亮度越高，模糊越大；亮度越低，模糊越小。 当然，也可以反过来进行设置。

　　Compound Blur可以用来模拟大气，如烟雾和火光，特别是映射层为动画时，效果更生动，如图9-36所示；也可以用来模拟污点和指印，还可以有其他效果，特别是与Displacement组合时更为有效。

之前　　　　　　　　　　　　　　　　　　　之后

图9-36　Compound Blur特效滤镜效果

　　（5）Directional Blur（方向模糊）

　　本视频滤镜效果是一种十分具有动感的模糊效果，可以产生任何方向的运动幻觉。它与MotionBlur运动模糊效果不太相同的地方就是，在从暗到亮的过渡区域加上适当的色彩，使该区域图像变得模糊些。

　　（6）Fast Blur（快速模糊）

　　本视频滤镜效果是用于设置图像的模糊程度。能指定模糊的方向是水平、垂直、或是2个方向上都产生模糊。它和Gaussian Blur十分类似，而它在大面积应用的时候速度更快。

　　（7）Gaussian Blur（高斯模糊）

　　本视频滤镜效果通过修改明暗分界点的差值，使图像极度地模糊，柔化图像，去除杂点，层的质量设置对高斯模糊没有影响。Gaussian是一种变形曲线，由画面的临近像素点的色彩值产生。它可以将比较锐利的画面进行改观，使画面有一种雾状的效果。高斯模糊能产生更细腻的模糊效果，尤其是单独使用的时候。

　　（8）Ghosting（精灵）

　　本视频滤镜效果将当前所播放的帧画面透明地覆盖到前一帧画面上，从而产生一种精灵附体的效果，在电影特技中有时用到它。

　　（9）Sharpen（锐化）

　　本视频滤镜效果是用于锐化图像，在图像颜色发生变化的地方提高对比度。Sharpen Amount用于设置锐化的程度。

　　（10）Unsharp Mask（锐化）

　　本视频滤镜效果用于在一个颜色边缘增加对比度。和 Sharpen不同，它不对颜色边缘进行突出，看上去是整体对比度增强。

　　3. Channel通道特效组

　　Channel通道主要包括以下几种，如图9-37所示。

图9-37　Channel特效滤镜

（1）Arithmetic（通道运算）

本视频滤镜效果的作用是将图像区域中红、绿、蓝通道色彩变化明显的部分进行平均，使得画面柔和化。在从暗到亮的过渡区域加上适当的色彩，使该区域图像变得模糊些。可选择不同的算法。

（2）Blend（混合）

本视频滤镜效果可以通过五种方式将两个层融合。

（3）Calculations（融合计算）

本视频滤镜效果可以将两个层通过运算的方式混合，和层叠加模式相同的。但不同的是，它能对不同的色彩通道选择Input Channel区分开进行叠加。

（4）Compound Arithmetic（复合算法）

本视频滤镜效果可以将两个层通过运算的方式混合和层叠加模式相同的，而且比应用层模式更有效。

（5）Invert（反相）

本视频滤镜效果用于转化图像的颜色信息。反转颜色通常有很好的强调画面的效果，Channel中选择应用反转效果的通道。Blend with original和原图像的混合程度。

（6）Set Matte（设置蒙版）

本视频滤镜效果用于将其他图层的通道设置为本层的蒙版，通常用来创建色彩蒙版达到遮罩效果。

（7）Solid Composite（实地色融合）

本视频滤镜效果是用实地色进行相应的复合叠加，并可以选择不同的Blending Mode混合模式和透明度调整。这个滤镜很适合于对画面整体色调统一进行调整。

4. Color Correction 颜色校正特效组

Color Correction （颜色校正）特效主要包括以下几种，如图9-38所示。

图9-38　Color Correction特效滤镜

（1）Brightness & Contrast（亮度与对比度）

本视频滤镜效果将改变画面的亮度和对比度。类似于电视中的亮度和对比度的调节，但在这里调整则是对滑块的移动。

（2）Broadcast Colors（广播级颜色）

本视频滤镜效果用于校正广播级的颜色和亮度，改变像素颜色值，使影片能正确地显示在电视中，尽可能避免失真。计算机使用红、绿、蓝3种颜色不同组合来显示其他颜色。而电视机等视频设备使用不同的合成信号来显示颜色。家庭视频设备不能产生高于某一幅度的信号，否则就会失真，而计算机产生的颜色则很容易就超过了这个幅度。再者就是电视信号发射带宽的限制，如我国用的PAL制发射信号为8MHz带宽。美国和日本使用的NTSC发射信号为 6MHz，由于其中还包括音频的调制信号，进一步限制了带宽的应用。所以并非我们在电脑上看到的所有颜色和亮度都可以反映在最终的电视信号上，而且一旦亮度和颜色超标，会干扰到电视信号中的音频而出现杂音。通常见到的彩条信号，它的亮度和颜色饱和度大约是可见光范围的75%，所以也称为75%彩条，制作中应用的颜色和亮度应低于这个值。在电视台的合成机房中，包含有两个信号监测的示波器，一个叫波形示波器，监视亮度信号的幅度；一个叫矢量示波器，监视颜色信号的饱和度。Broadcast Locale选择应用的电视制式为PAL或 NTSC。实现"安全色"的方法，包括 Reduce Luminance（降低亮度）、Reduce Saturation（降低饱和度）、 Key out Unsafe（将不安全的像素透明）和Key out Safe（将安全颜色透明）。后两项主要用来了解安全色的区域。信号的幅度以IRE为单位进行测量，最大的传输幅度为120IRE，但可能已经超标。使用Broadcast Colors效果默认的数值110IRE可将计算机产生的颜色的亮度或饱和度降低到一个安全值，如图9-39所示。

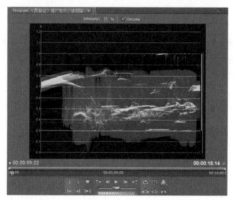

图9-39　Broadcast Colors特效滤镜效果

（3）Change Color（转换色彩）

本视频滤镜效果用于改变图像中的某种颜色区域（创建某种颜色遮罩）的色调饱和度和亮度。可以通过制定某一个基色和设置相似值来确定区域，View选择合成窗口的观察效果。可以选择Color Correction Layer（颜色校正视图）或 Color Correction Mask（颜色校正遮罩）。 Hue Transform（色相调制）以度为单位改变所选颜色区域。

（4）Change to Color（颜色替换）

本视频滤镜效果能选择图像中要的颜色到相应区域颜色进行颜色上的替换。

（5）Channel Mixer（通道混合）

本视频滤镜效果能用几个颜色通道的合成值来修改一个颜色通道。使用该效果可创建使用其他颜色调整工具很难产生的颜色调整效果，通过从每个颜色通道中选择其中一部分就能合成为高质量的灰度级图像，创建高质量的棕褐色或其他色调的图像，已经交换或复制通道。

（6）Color Balance（色彩平衡）

本视频滤镜效果利用滑块来调整RGB颜色的分配比例，使得某个颜色偏重以调整其明暗程度。本滤镜属于随时间变化的特技。

（7）Color Balance（HLS）（色彩平衡之HLS）

本视频滤镜效果用来调整图像色调，针对平衡画面的色调（Hue）、亮度（Lightness）和饱和度（Saturation）上的属性。

（8）Equalize（均衡效果）

本视频滤镜效果用来使图像变化平均化，Equalize选择均衡方式。可以选择RGB、Brightness（亮度值）和Photoshop Style表示应用Photoshop风格的调整。Amount to Equalize设置重新分布亮度值的百分比。

（9）Fast Color Corrector（快速色彩校色）

本视频滤镜效果是一个综合型的色彩控制器，既能对色彩色相的Hue Balance调整，又能调整饱和度及色阶。如图9-40所示为其主控制器。

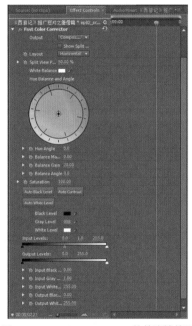

图9-40　Fast Color Corrector特效滤镜效果

（10）Leave Color（分离色）

本视频滤镜效果用于消除给定颜色，或者删除层中的其他颜色。Amount to Decolor设置脱色程度。Color to Leave选择要保留的颜色。Tolerance相似程度。 Edge Softness边缘柔化度。 Match colors匹配颜色对应的是使用RGB和Hue。

（11）Luma Corrector（亮度校色）

本视频滤镜效果用来控制亮度的色彩，使亮部色彩不会曝光过度。用Brightness（亮度）、Gamma进行（伽马值）、Contrast（对比度）及Contrast Level（对比度的等级）、Pedestal（基值）、Gain（增益）来对曝光度进行把控。

（12）Luma Curve（亮度曲线调整）

本视频滤镜效果是用于Curve（曲线）的方式调整图象的亮度数值，通过改变效果窗口的曲线来改变图像的亮度。用曲线控制相对其他的更灵活。

（13）RGB Color Corrector（RGB色彩校色）

本视频滤镜效果同其他色彩Corrector（校色）一样，但它相对针对于RGB三个通道的色彩的Gamma（伽马值）、Pedestal（基值）、Gain（增益）进行调整。

（14）RGB Curves（RGB曲线调整）

本视频滤镜效果是用于曲线的方式调整图像的RGB 数值，通过改变效果窗口的曲线来改变图像的RGB通道上的色彩。同RGB Color Corrector滤镜差不多，只是此特效用曲线控制。

（15）Three-Way Color Corrector（三路色彩校色）

本视频滤镜效果Corrector校色在Fast Color Corrector快速色彩校色加以改进，是对色彩黑、白、灰上进行区分的控制校色，相对的更全面。如图9-41所示为其主控制器。

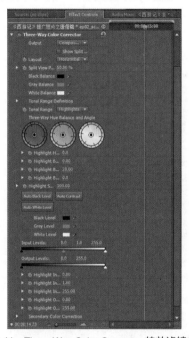

图9-41　Three-Way Color Corrector 特效滤镜效果

（16）Tint（染色）

本视频滤镜效果会在画面上添加某种色彩，分割形成复合色彩画面。通过单击色样框从调色板中选取某种颜色，通过滑块调整添加彩色的百分比（1～100%）。它是随时间变化的视频滤镜效果。因此可以让原始画面中一种颜色向另一种颜色过渡变化。

（17）Video Limiter（视频限幅器）

本视频滤镜效果对视频信号幅度范围区间上的控制。在Broadcast Colors传播颜色时，提到过信号幅度，但它只能控制最大值。而Video Limiter视频限幅器控制的则是信号最小值及最大值在（−30%～130%）之间的范围。

5. Distort扭曲特效组

Distort 扭曲特效主要包括以下几种，如图9-42所示。

图9-42　Distort特效滤镜

（1）Bend（弯曲变形）

本视频滤镜效果的作用将会使电影片断的画面在水平或垂直方向弯曲变形。

（2）Corner pin（边角定位）

本视频滤镜效果通过改变四个角的位置来变形图像，主要是用来根据需要定位，可以拉伸、收缩、倾斜和扭曲图形，也可以用来模拟透视效果，可以和运动遮罩层相结合，形成画中画效果。有Upper Left（左上定位点）、Upper Right（右上定位点）、Lower Left（左下定位点）、Lower right（右下定位点）。控制很简单。Lens Distortion（镜头扭曲变形）。本视频滤镜效果可将画面原来形状扭曲变形。通过滑块的调整。可让画面凹凸球形化、水平左右弯曲、垂直上下弯曲以及左右褶皱和垂直上下褶皱等。综合利用各向扭曲变形滑块，可使画面变得如同哈哈镜的变形效果。

（3）Magnify（放大）

本视频滤镜效果以Center确定一个指定的中心点，放大其效果。可选择Shape的方式有两种，Circle（圆形）和Square（方形）根据其需要而切换。Magnification（放大）比率以本身数值100%进行递增。Size指的是中心点向外扩张的范围大小。并且可以改变其Blending Mode的混合叠加模式。

（4）Mirror（镜像）

本视频滤镜效果能够使画面出现对称图像，它在水平方向或垂直方向取一个对称轴，将轴左上边的图像保持原样，右上边的图像按左边的图像对称地补充，如同镜面方向效果一般。在实际应用中，通过选择水平或垂直按钮来改变镜像对称轴的方向；对称轴的位置可以通过"镜像分界线指示器兼调整滑块"在整个画面的范围内进行调整。并且通过选择Left、 Right、Top、 Bottom选项来确定反射面，以展示不同方位的镜像效果。

（5）Offset（偏移）

本视频滤镜效果用于在图像内，图像从一边偏向另一边。Shift Center To以原始画面中心点进行偏移的位置。将Blend With Original以原始画面（0～100%）调控的复合叠加，从原始位置偏移过来。

（6）Spherize（球面化）

本视频滤镜效果会在画面的最大内切圆内进行球面凸起或凹陷变形，通过调整滑块来改变变形强度（—100～100）。假如不想使用在水平和垂直方向上的正常（Normal）变化方式，可以使用单方向（水平或垂直）变形。使用正常变形方式的调整对话框，目前变形强度值为最大。它是随时间变化的视频滤镜效果。

（7）Transform（变形）

本视频滤镜效果即对原始图片进行画面上的几何变形。它拥有其Scale Height、Scale Width、Skew、Skew Axis、Ratation这几种变形方式。Opacity还有透明度的控制，及Shutter Angle。

（8）Turbulent Displace（变形置换）

本视频滤镜效果根据选择的Displacement置换类型进行变形。Turbulent、Bulge、Twist、Turbulent Smoother、Bulge Smoother、Twist Smoother、Vertical Displacement、Horizontal Displacement、Cross Displacement是置换的几种模式，然后再对其进行变化的控制。

（9）Twirl（旋涡）

本视频滤镜效果会让画面从中心进行旋涡式旋转，越靠近中心旋转得越剧烈。通过移动滑块或输入数值（—999～999）可以调整旋涡的角度。对话框上部的预览框显示了当前设置将产生的效果。

（10）Wave Warp（波浪变形）

本视频滤镜效果会让画面形成波浪式的变形效果。3个主要参数调整滑块：波形发生器调整滑块，用来产生波浪的形状，即波的数目（1～999）；波长调整滑块，用来调整波峰之间的距离（1～999）；振幅调整滑块，用来调整每个波浪的弯曲变形程度（1～999）。除了3个主要参数外，可以控制波形在水平和垂直方向的变形百分比Scale（0%～100%）和选择波形的类型Type（有正弦波、三角形、方形波3种单选按钮）。

6. Generate渲染特效组

Generate 渲染特效主要包括以下几种，如图9-43所示。

图9-43　Generate特效滤镜

（1）4-Color Gradient（四角渐变）

本视频滤镜效果可以模拟霓虹灯流光异彩等迷幻的效果。 Positions & Colors用来设置四种颜色的中心点和各自的颜色。 还可以用Transfer Mode改变叠加模式。

（2）Cell pattern（单元图案）

本视频滤镜效果可以选择各种单元格图案，如Bubbles、Crystals、Plates、Static Plates、Crystallize、Pillow、Crystals HQ、Plates HQ、Static Plates HQ、Crystallize HQ、Mixed Crystals、Tubular，这几种图案与其带有Alpha通道的素材可制造出各种机理变化的效果来。

（3）Checkerboard（棋盘格式）

本视频滤镜添加棋盘效果。有三种Size From方式，分别是Corner Point、Width Slider和Width & Height Sliders的不同的棋盘模式。

（4）Circle（圆环）

本视频滤镜效果生成圆环形的效果 。

（5）Ellipse（椭圆）

本视频滤镜效果生成椭圆的效果。有 Inside Color 和 Outside Color 两种色彩，生成具有立体效果的椭圆。

（6）Eyedropper fill（滴管填充）

本视频滤镜效果是为对原始图片进行取样点的取样而作的色彩填充。

（7）Grid（网格）

本视频滤镜效果生成圆环形的效果，可用做标尺来比对画面。

（8）Lens flare（镜头光晕）

本视频滤镜效果模拟镜头照到发光物体上，由于经过多片镜头能产生很多光环，这是后期制作中经常使用的提升画面效果的手段。

（9）Lightning（闪电）

本视频滤镜效果可以用来模拟真实的闪电和放电效果，并自动设置动画。

（10）Paint Bucker（颜料桶）

本视频滤镜效果通过对带有Alpha通道的素材进行原始图像的描边。Strokey描边方式分别有五种，Antialias（消除锯齿）、Feather（羽化）、Spread（扩张）、Choke（阻塞）、Stroke（描边）。

（11）Ramp（渐变）

本视频滤镜效果用来创建彩色渐变,使产生的黑白渐变为应用层模式（ Blend Mode）和原图像混合。

（12）Write-on（手写效果）

本视频滤镜效果可以模拟出写字时一笔一画出现的效果。

7. Image Control图像校色特效组

Image Control 图像校色特效主要包括以下几种，如图9-44所示。

图9-44　Generate特效滤镜

（1）Black & White（黑白）

本视频滤镜效果的作用将使电影片断的彩色画面转换成灰度级的黑白图像。

（2）Color Balance（RGB）（颜色平衡）

本视频滤镜效果可改变影片的彩色画面的红色通道（R）、绿色通道（G）、蓝色通道（B）的色彩平衡。

（3）Color Pass（颜色通道）

本视频滤镜效果能够将一个片断中某一指定单一颜色外的其他部分都转化为灰度图像。可以使用该效果来增亮片断的某个特定区域。通过调色板可以选取一种颜色，或使用吸管工具在原始画面上吸取一种颜色作为该通道颜色。通过调整滑块可以改变该颜色的使用范围（扩大或缩小）。利用随时间变化的特点，可以做出按色彩级别转变的过渡效果。

（4）Color Replace（色彩替换）

本视频滤镜效果可用某一种颜色以涂色的方式来改变画面中的临近颜色，故称之为色彩替换视频滤镜效果。利用这种方式，可以变换局部的色彩或全部涂一层相同的颜色。还可以利用随时间变化的特点，做出按色彩级别变化色彩的换景效果。与Color Pass不同的是，它保持原画面中不被替换的颜色成分，而只对临近色进行涂色或染色。

（5）Gamma Correction（灰阶校正）

本视频滤镜效果通过调节图像的反差对比度，使图像产生相对变亮或变暗的效果。它是通过对中灰度或相当于中灰度的彩色进行修正（增加或减小）、而不是通过增加或减少光源的亮度来实现的。

8. Keying 抠像特效组

Keying 抠像特效主要包括以下几种，如图9-45所示。

图9-45　Keying特效滤镜

（1）Alpha Adjust（透明通道的调整）

本视频滤镜效果仅限于Alpha通道的两个基本属性，黑色代表透明区域，白色则代表不透明的区域。Invert Alpha反向通道，而Mask Only仅限于蒙版。Ignore Alpha是忽略透明的部分。

（2）Blue Screen Key（蓝色屏幕抠像）

本视频滤镜效果是对蓝色屏幕进行抠像，建立真正的色度蓝色的透明度。使用这个抠像建立复合材料时，重点在实拍影视时需要明亮的蓝色背景，如图9-46所示。

之前

之后

图9-46 Blue Screen Key特效滤镜效果

（3）Chroma Key（色度抠像）

本视频滤镜效果所有指定的抠像颜色是将类似的图像像素的颜色作用抠像。当抠像编辑的颜色值的颜色范围变得透明时，控制范围调整的最大程度为透明颜色。也可以在羽毛的透明区域的边缘创建一个透明和不透明区域之间的平稳过渡。

（4）Color Key（颜色抠像）

本视频滤镜效果所指定的抠像颜色是类似的图像像素的颜色作为抠像。这种效果只修改剪辑的Alpha通道。

（5）Difference Matte（差异遮罩）

本视频滤镜效果是比较差异剪辑源剪辑创建的透明度，然后选出源图像中的像素抠像，差分图像中的位置和颜色相匹配。通常情况下，它用于一些重要的静态背景后面一个移动的物体，然后将其放置在不同的背景。差异片段往往是一个简单的背景画面的帧。出于这个原因，所不同的差异效果，最好使用已经有一个固定的摄像头和一个静止不动的背景拍摄的场景。

（6）Eight-Point Garbage Matte（八点遮罩）

本视频滤镜效果应用八点进行图层上的遮罩，精确点的调控改变八个点横向和纵向的百分位。

（7）Four-Point Garbage Matte（四点遮罩）

本视频滤镜效果应用四点进行图层上的遮罩，精确点的调控改变四个点横向和纵向的百分位。

（8）Image Matte Key（图片遮罩抠像）

本视频滤镜效果图片遮罩抠像重点出剪辑的形象方面的抠像基础上的静止图像剪辑，遮罩的亮度值。下面轨道的剪辑制作的透明区域显示图像。

（9）Luma Key（亮度抠像）

本视频滤镜效果要创建一个对象和它的背景大不同的亮度值。

（10）Non Red Key（非红抠像）

本视频滤镜效果非红的抠像作用，创建绿色或蓝色背景的透明度。这抠像是类似在蓝色屏幕上的抠像作用，但它也可以让你融入两个片段。此外，非红抠像有助于减少周围不透明物体的边缘。使用非红抠像一些重要的绿色屏风，当您需要控制混合，或蓝屏抠像时，不会产生令人满意的结果。

（11）RGB Difference Key（RGB区别抠像）

本视频滤镜效果是一个简单的色度抠像效果。它可以让你选择一个目标色的范围，但你不能融合的图像或调整灰色的透明度。一个灯火通明，并没有包含阴影，或粗剪，不需要微调的场景，使用RGB区别抠像。

（12）Remove Matte（移除遮罩）

本视频滤镜效果是去除预乘颜色的剪辑的彩色条纹，结合从单独的文件中填充纹理的Alpha通道时，它是有用的。

（13）Sixteen-Point Garbage Matte（十六点遮罩）

本视频滤镜效果应用十六点进行图层上的遮罩，精确点的调控改变十六个点横向和纵向的百分位。

（14）Track Matte Key（跟踪遮罩抠像）

本视频滤镜效果创建透明区域剪辑对应到另一个剪辑的亮度水平。

（15）Ultra Key（极致抠像）

本视频滤镜效果是个综合性的抠像应用，集合多种抠像的特性。

9. Noise & Grain杂点和颗粒特效组

Noise & Grain杂点和颗粒特效主要包括以下几种，如图9-47所示。

图9-47　Noise & Grain特效滤镜

（1）Dust & Scratches（杂点和划痕）

本视频滤镜效果降低了噪波和杂点，通过改变不同的像素到指定的半径内，更像是其相邻像素。

（2）Median（中性）

本视频滤镜效果取代每一个像素，具有指定半径的相邻像素的颜色值中性数。在较小的半径值时，这种效应是有助于减少某些类型的噪波。在较大的半径值时，这个效果给出了一个形象的绘画的外观。

（3）Noise（杂点）

本视频滤镜效果以随机杂点的影响改变整个图像的像素值。

（4）Noise Alpha（通道杂点）

本视频滤镜效果针对Alpha通道增加了通道内的杂点。

（5）Noise HLS（HLS通道杂点）

本视频滤镜效果混合光源效果产生的杂点，使用静止或移动的源素材中剪辑的静态杂点。针对平衡画面的色调（Hue）、亮度（Lightness）、和饱和度（Saturation）上的属性。

（6）Noise HLS Auto（自动生成HLS通道杂点）

本视频滤镜效果如同Noise HLS效果，只不过是自动的，更快速。

10. Perspective透视特效组

Perspective透视特效主要包括以下几种，如图9-48所示。

图9-48　Perspective特效滤镜

（1）Basic 3D（基本三维）

本视频滤镜效果用来使画面在三维空间中水平或垂直移动，也可以拉远或靠近，此外还可以建立一个增强亮度的镜子以反射旋转表面的光芒。因为默认的光源来自图像上方，所以如果想看到图像反射光线，只有让图像向后倾斜。Swivel控制水平方向旋转。Tilt控制垂直方向旋转。 Distance to Image图像纵深距离。Specular Highlight用于添加一束光线反射旋转层表面。Preview选择 Draw Preview Wireframe用于在预览的时候只显示线框。这主要是因为三维空间对系统的资源占用量相当大，这样可以节约资源，提高响应速度。这种方式仅在草稿质量时有效，最好质量的时候这个设置无效。

（2）Bevel Alpha（透明通道的斜切）

本视频滤镜效果可以使图像出现分界，是通过二维的Alpha 通道效果形成三维外观。此效果特别适合包含文本的图像。

（3）Bevel Edge（边缘斜切）

本视频滤镜效果用于对图像的边缘产生一个立体的效果，看上去是三维的外观。此外，只能应用于对矩形的图像形状，不能应用在带有Alpha通道的图像上。

（4）Drop Shadow（投影效果）

本视频滤镜效果是在层的后面产生阴影。产生阴影的形状由 Alpha通道决定。

（5）Radial Shadow（径向阴影）

本视频滤镜效果是从无限的光源产生的阴影效果，而不是原始素材的点光源产生的阴影。

11. Stylize风格化特效组

Stylize风格化特效主要包括以下几种,如图9-49所示。

图9-49　Stylize特效滤镜

（1）Alpha Glow（透明通道辉光）

本视频滤镜效果仅对具有Alpha通道的片断起作用,而且只对第一个Alpha通道起作用。它可以在Alpha通道指定的区域边缘,产生一种颜色逐渐衰减或向另一种颜色过渡的效果。其中Glow用来调整当前的发光颜色值,Brightness滑块用来调整画面的Alpha通道区域的亮度。通过Start Color和End Color色棒框来设定附加颜色的开始值和结束值。这是一个随时间变化的视频滤镜效果。

（2）Brush Strokes （笔触）

本视频滤镜效果对图像产生类似水彩画效果。

（3）Color Emboss（彩色浮雕）

本视频滤镜效果和Emboss浮雕效果类似,不同的是本效果包含颜色。

（4）Emboss（浮雕）

本视频滤镜效果不同于 Color Emboss的地方在于本效果不对中间的彩色像素应用,只对边缘应用。

（5）Find Edge（勾边）

本视频滤镜效果通过强化过渡像素产生彩色线条。

（6）Mosaic（马赛克）

本视频滤镜效果使画面产生马赛克。

（7）Posterize（色调分离）

本视频滤镜效果可指定图像中每个通道的色调层次或亮度值。色调分离后映射到像素的最接近的匹配程度。

（8）Replicate（复制）

本视频滤镜效果是将原始画面图片N次计数平铺显示在屏幕。通过拖动滑块设置每行每列的平铺文件总数。

（9）Roughen Edges（边缘粗糙）

本视频滤镜效果针对Alpha通道,通过计算边缘的粗糙边缘效果。它给栅格化文字或图形的自然粗糙的样子,像侵蚀金属或打字机文本。 有八种Edge Type边缘方式可进行选择。

（10）Solarize（曝光过度）

本视频滤镜效果产生负面和正面的形象之间的融合,导致图像出现有光环。这种效果是类似早期的打印光。

（11）Strobe Light（闪光灯）

本视频滤镜效果对原始素材执行的算术运算或使夹在透明的定期或随机的时间间隔频闪效果。如每5s的原始素材可以成为完全透明的或原始素材颜色可以颠倒在随机的时间间隔频闪。

（12）Texturize（材质）

本视频滤镜效果使原始素材和另一个轨道上的原始素材的纹理外观上叠加。

（13）Threshold（阈值）

本视频滤镜效果依据彩色图像的灰度，调节黑色和白色图像的对比度。指定一个亮度阈值水平；所有亮如或大于阈值亮的像素转换为白色，所有较暗的像素转换为黑色。

12. Time时间特效组

Time时间特效主要包括以下几种，如图9-50所示。

图9-50　Time特效滤镜

（1）Echo（回声）

本视频滤镜效果能将来自片断中不同时刻的多个帧组合在一起。使用它可创建从一个简单的可视的回声效果到复杂的拖影效果。只有在片断中具有动画时该效果才可见。默认情况下，当应用Echo效果时，先前应用的任何效果都将被忽略。假如不希望忽略这些效果，可以先创建一个虚拟片断。注意：Echo Time 以秒为单位指定回声之间的时间。负值将从先前的创建回声；正值则从之后的创建回声；Number of Echoes 指定Echo效果组合的数；Starting Intensity 指定回声序列中开始的强度或亮度；Decay 指定之后回声的强度比率；Echo Operator 指定回声之间进行的运算符；Add通过将像素值加在一起来组合回声；Maximum通过取所有回声中最大的像素值来组合回声；Minimum通过取所有回声中最小的像素值来组合回声；Screen通过将回声夹在之间来进行组合，与Add相似，只是没有那么快；Composite in Back使用回声的Alpha通道从后至前的组合起来；Composite in Front使用回声的Alpha通道从前至后的组合起来。

（2）Posterize Time（间歇时间）

本视频滤镜效果可从电影片断一定数目的帧画面中抽取一帧。如指定Frame Rate为4，则表示每四帧原始电影画面中只选取一帧来播放。由于有意造成丢帧，故画面有间歇的感觉。

13. Transform变形特效组

Transform变形特效主要包括以下几种，如图9-51所示。

图9-51　Transform特效滤镜

（1）Camera View（照相机视角）

本视频滤镜效果模仿照相机从不同的角度拍摄一个片断。即设想一个球体，物体位于球体中心，而照相机位于球体表面。通过控制照相机的位置，可以扭曲片断图像的形状。它是随时间变化的多方位调整的视频滤镜效果，具有透视效果。Longitude（经度）在水平方向上移动照相机，使片断好像在水平地旋转；Latitude（纬度）在垂直方向上移动照相机，使片断好像在垂直选择；Roll（转动）转动照相机，使片断好像在平面旋转；Focal Length（焦距）改变摄像机镜头的焦距。焦距越短，则视野越宽；焦距越长，则视野变窄，但视角变近；Distance（距离）指定照相机到球体中心的距离；Zoom（缩放）放大或缩小片断；Fill（填充）指定片断扭曲后留下空间的填充颜色；Fill Alpha Channel（填充Alpha通道）选择该复选框，可使背景变透明，将片断与其他片断方便地进行叠加。

（2）Crop（剪裁）

本视频滤镜效果是将左、上、右、底部的属性以百分比的数值对图像进行删除裁剪。

（3）Edge Feather（边缘羽化）

本视频滤镜效果将一个硬边框原始素材的四周进行柔化。边缘的羽化控制只有一个数值。

（4）Horizontal Filp（水平翻转）

本视频滤镜效果是由左到右反转每一帧原始素材；但其实际左右方向并没改变。

（5）Horizontal Hold（保持水平）

本视频滤镜效果能将倾斜的左帧或右帧的效果是类似的水平保持平行的设置。拖动滑块以控制原始素材的倾斜。

（6）Vertical Flip（垂直翻转）

本视频滤镜效果是由上到下反转每一帧原始素材；但其实际上下方向并没改变。

（7）Vertical Hold（保持垂直）

本视频滤镜效果能将倾斜的上下帧的效果是类似的纵向的保持垂直的设置。拖动滑块以控制原始素材的倾斜。

14. Transition转场特效组

Transition变形特效主要包括以下几种，如图9-52所示。

图9-52　Transition特效滤镜

（1）Block Dissolve（板块溶解）

本视频滤镜效果随机产生板块溶解图像。

（2）Gradient Wipe（渐变擦除）

本视频滤镜效果是依据两个层的亮度值进行擦除的。其中一个层叫渐变层（Gradient Layer），用它进行参考。

（3）Linear Wipe（线性擦除）

本视频滤镜效果进行一个简单的线性剪辑在指定的方向擦除。

（4）Radial Wipe（径向擦除）

本视频滤镜效果是指定一个点为中心点进行径向的擦除。擦除的方向有三种，分别是Clockwise（顺时针）、Counterclockwise（逆时针）和Both（两种兼有）。

（5）Venetian Blinds（百叶窗）

本视频滤镜效果使用指定的方向和宽度的条，像百叶窗进行图层图层间的串换。

15. Utility实用特效组

Utility实用特效主要包括以下几种，如图9-53所示。

图9-53　Utility特效滤镜

Cineon Converter（Cineon转换）

本视频滤镜效果就是对线性数域和对数数域进行转换的工具。这在胶磁互转上是很有用的，制作中期如果不对原始素材进行Cineon转换再进行校色的色彩会存在偏差。

16. Video视频特效组

Video视频特效主要包括以下几种，如图9-54所示。

图9-54　Video特效滤镜

Timecode（时间编码）

本视频滤镜效果能计算出和视频同步的时间数值，也可是帧数。其作用在制造期内进行审核，方便记录时间点进行修改。国内的影视广播电视需要通过审核后，有播放许可后的才能播放，审核的视频就需要加入时间编码。

02 分析Uncompressed Microsoft AVI和Microsoft AVI两种间的区别

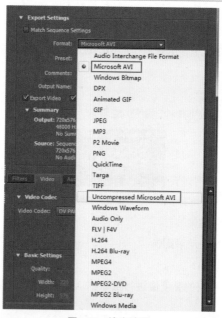

图9-55　输出选项

如图9-55所示，从Microsoft AVI和Uncompressed Microsoft AVI英文上直译，后者的前缀Uncompressed翻译为未压缩的，但其主要应用在数字和模拟信号的转换的输出，其Video Codec中的两个编码分别指代模拟信号的两种接口，其无损的输出并不是真正意义上的无损。而相对应的Microsoft AVI中的None Video Codec才是真正意义上的无损输出。

任务二　为影视素材宣传片更换背景素材

任务背景

由于个人制作影视宣传片资金不足，往往会有实拍镜头，和后期背景进行合成。

任务要求

在实拍镜头中，必须要有幕布遮挡背景物（如蓝色和绿色的幕布），这样有利于后期对其背景的抠像。

要根据剪辑素材的提供的背景进行前后图层的色彩校色。

因为在制作最后期，最终要求提交无损的AVI文件。

【技术要领】对各个色彩滤镜特效的了解。

【解决问题】统一剪辑素材的色彩，使之画面更协调。

【素材来源】自备。

【最终效果】无。

任务分析

_____

_____

_____

_____

主要制作步骤

_____

_____

_____

_____

课后作业

1. 填空题

（1）在Adobe Premiere Pro CS5中剪辑制作完成作品时，如果制作过程中出现色彩上的问题，必须对其_____，在_____面版对其进行控制。

2. 单项选择题

（1）原始素材文件是胶片形式的，需要选择特效进行转换（　　　　）。

    A. Posterize Time   B. Change Color

    C. Timecode   D. Cineon Converter

（2）Adobe Premiere Pro CS5播放颜色的控制在（　　　　）最高IRE数值内，保证其在安全值。

    A. 100IRE   B. 110IRE

    C. 120IRE   D. 130IRE

3. 多项选择题

在特效面板中，对色阶的调整因该选择哪个色彩控制（　　　　）。

    A. Brightness & Contrast   B. Color Balance

    C. Luma Corrector   D. Equalize

4. 简答题

Adobe Premiere Pro CS5中视屏特效中色彩控制有哪几种？其各自作用又是什么？